コンピュータビジョン

CV

Summer
2022

【イマドキノ 基盤モデル】

ビジョンを支える「キバン」技術

センサから認識・生成まで

共立出版

コンピュータビジョン最前線

CV

Summer
2022

Contents

研究の基盤とはどうあるべきか

■片岡裕雄

研究の基盤，つまり研究を進める上での土台とは何であろうか？ 月並みな話になるが，計算機科学分野の場合には，研究費（資金）・計算リソース（資源）・研究員（人員）に大別されるかもしれない。これは特に，博士号を取得してプロの研究者となる際に一度はぶち当たる壁であろうし，ともすると研究者として活動する限りは切り離せない課題にもなる。

ある研究者は「研究費がなくては研究はできない」と語り，まずは研究費獲得のための申請書を書き出すかもしれない。昨今さらに厳しさを増す予算獲得競争に打ち勝ち，運良く研究費が獲得できた研究者は「次は計算力だ」と語り計算機の調達を急ぐかもしれない。あるいは，もともと潤沢に研究費がある研究室は「計算力こそすべて」と述べ，クラウドコンピューティングやスーパーコンピュータ（いわゆるスパコン）に予算を投じるかもしれない。また，別の研究者は「何を置いても人がいないと研究はままならない」と話し，研究員の公募を出すかもしれない。毎年学生が入ってくる大学の研究室でも宣伝には力を入れるというし，研究員獲得のための努力は惜しみなくすると聞く。研究の基盤を整えるための方法論は，研究者により千差万別であり，分野によっても捉え方・考え方・研究戦略は異なるであろう。正解というものはこれといってないし，過去に成功している方法を取り入れたからといって，必ずしも成功するとは限らない。

私も博士号取得直後，研究者として駆け出しの時代は，例により研究費なし・計算リソースなし・（直接指導を担当する）研究員なし，の何もない状態から始まった。おまけに，この時点での国際会議の業績もイマイチぱっとしなかった[1]。だが，正直に話してしまうと，当時の私は，研究費を獲得するための書類を書いていなかったし，計算リソースもノート PC 1 台だったし，研究連携といえるような協調もあまり行っていなかった。ただ，自信をもっていえるのは「情報を獲得するための努力」はしていたことである。

この努力として，たとえばポスドク 1 年目には，コンピュータビジョンの研究室ではなく，あえてお隣の分野ともいえる機械学習分野の研究室[2] に所属し

1) 現在，コンピュータビジョン分野を含め，機械学習関連技術の研究者としては良くも悪くも難関国際会議での業績を求められてしまう。当時の私の業績だったら研究者として生き残れていなかったかもしれない。
2) 東京工業大学 下坂研究室（当時は東京大学）

て，モバイル端末などからいかに効率良く，かつ権利的に問題ない範囲でビッグデータを収集して解析するか，ということを学んでいた。当時 CV 分野の研究室では，取得するデータの規模をいかに大きくして深層学習を行うかに悪戦苦闘していたため，データの賢い収集法や扱い方を体系化していた研究室に在籍したことはその後の研究方針を定める上でとてもプラスにはたらいた。ポスドク 2 年目には産総研に移り，修士課程時代から交流のあった東京電機大学の中村研究室と連携して，CVPR の論文を完全読破するプロジェクトを行った。全部読むには途方もない分量と全員が認識していたとおり，11 人で始めたプロジェクトも，終わる頃には片岡と 5 人の学生しか残っていなかった。しかし，まずは毎日 1 本ずつ読むことから始めた結果，読了する速度や学び取る情報の質が日に日に向上することを実感し，数百本読んだ頃には分野の全体地図が頭の中にでき上がっていた。なお，比較するのも大変おこがましい話ではあるが，この読破チャレンジは図らずも，かの長尾真先生・金出武雄先生の論文読破の追試に近い内容となっていた[3]。われわれのみならず，計算機科学分野の大家が実践していたことから，短期間に数百本の論文を読破し，サマリ作成やディスカッションを行う方法は，ある程度信憑性がある手法と見てよい。

　ここで，私は研究の第 4 の基盤として，この「情報」を推したい。確固たる情報収集の基盤を構築することで，研究者としてどう戦えばよいのか，というある種の方針を定めることができた。この意味においては，資金・資源・人員はあとからついてくると信じている。そして，この流れの中で志を同じくする編集委員が組織の壁を越えて集い，文字どおり「最前線」の情報を凝縮して読者にお届けできれば，との思いで，コンピュータビジョン最前線シリーズがスタートした。研究基盤としての「情報」の補強において，本シリーズがその一助となり，国内のコンピュータビジョン分野の活性化に繋がれば，これ以上幸いなことはない。

　さて，この「コンピュータビジョン最前線 Summer 2022」で，シリーズは 3 冊目になる。今回は「イマドキノ 基盤モデル」を株式会社エクサウィザーズの藤井亮宏氏に，「フカヨミ 半教師あり学習」を東京大学の YU Qing 氏に，「フカヨミ noise robust GAN」を日本電信電話株式会社の金子卓弘氏に，「フカヨミ DINO」を中部大学の箕浦大晃氏・岡本直樹氏に，「ニュウモン コンピュテーショナル CMOS イメージセンサ」を静岡大学の香川景一郎氏・寺西信一氏にお願いしている。この巻頭言で研究の基盤について書いたのは，今回基盤モデルに関する記事で始まり，それに関連する記事が続くからだ。記事に序列をつけるつもりも，読者の読み方を限定するつもりもないが，半教師あり学習，noise robust GAN（生成モデル），DINO（自己教師あり学習），コンピュテーショナル CMOS イメージセンサ（イメージング）というトピックも，この基盤モデル

[3] 詳細は長尾先生の記事「人間的情報処理を目指して」（電子情報通信学会 通信ソサイエティマガジン, 2013 年 6 巻 4 号, pp.351–358）を参照されたい。

に統合されつつあるという見方をすると，いかに学術的に面白いことか。基盤
モデルは，いわば計算機による視覚機能を all-in-one-model で汎用的に表現し
ようとする取り組みなのだ。この観点から，私は資金・資源・人員・情報や，そ
の他の要素をいかに駆使して研究を進めていくかにも，注目していきたい。研
究の裏側にあるこれらの要素を想像しながら読み進めるのも，コンピュータビ
ジョン最前線シリーズの楽しみ方の 1 つになるのではないだろうか。

かたおか ひろかつ（産業技術総合研究所）

イマドキノ 基盤モデル
今後の潮流!? 超強力な汎用事前学習モデル!

■藤井亮宏

本稿では，Bommasani ら [1] によって提案された基盤モデル（foundation model）の概念と，自然言語処理やコンピュータビジョン分野の基盤モデルを紹介した後に，基盤モデルの課題を解説します。本稿に書かれていることをあらかじめまとめると，以下のようになります。

> 基盤モデルとは，大規模なデータで学習させ，さまざまなタスクに適用できるようにしたモデルのことである。基盤モデルを使うことで，タスクごとにモデルを設計する必要がなくなる。基盤モデルは (1) ハードウェア能力の向上とソフトウェアの最適化，(2) トランスフォーマー（Transformer）モデルの発明，(3) 大規模データの利活用，の 3 要素によって台頭した。基盤モデルは非常に強力であるが，それゆえに，プライバシーと監視をめぐる懸念や Deep Fake などの偽装といった問題があり，これらに対処していく必要がある。

1 基盤モデルとは

近年，GPT-3 [2] や Florence [3] など，大量のデータで学習した大規模なモデルが登場し，パラダイムシフトを起こしています。このようなモデルを総称して，Bommasani ら [1] は基盤モデル（foundation model）と呼んでいます。

基盤モデルとは，「さまざまなタスクに利活用できるように，大量のデータで学習させた高性能な事前学習モデル」です。技術的には，言語モデル（language model）や事前学習モデル（pre-trained model）といった既存の用語で表現できます。しかし，基盤モデルの概念は，図 1 に示すように「多種多様な大規模データから学習して，さまざまなタスクに活用できるようにした単一モデル」です。このパラダイムシフトや，後述する偏見などの問題を抱えているという不完全性を込めるために，Bommasani らはあえて基盤モデルという新たな用語を作り出したようです。

基盤モデルの代表例として，超巨大な言語モデルである GPT-3 が挙げられます。

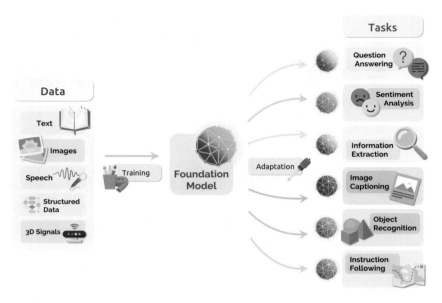

図1 基盤モデルの概念図。多くのデータから得られる知識を1つのモデルに集約し，さまざまなタスクをこなす。図は文献 [1] から引用した。

GPT-3 の場合だと，570 GB もの大量の文書データで言語モデルとして学習を行ったあと，ゼロショット（zero-shot）と呼ばれる機構を使って，さまざまなタスクをこなします。ゼロショットとは，図2に示すような仕組みです。GPT-3 は言語モデルなので，たとえば "I play" というフレーズがあったときに，それに続く単語として "tennis" が出現する確率を，条件付き確率 $p(\text{"tennis"} \mid \text{"I play"})$ として計算します。その仕組みを利用し，タスクの内容を入力文として，タスクの答えを入力文の条件付き確率により生成することで，さまざまなタスクをこなします。

　具体的には，ゼロショットでは，タスクの内容を示すタスク説明文（task description）と，具体的に解きたい問題であるプロンプト（prompt）を入力し，

ゼロショット

GPT-3 は，自然言語を使ったタスクの説明を使って，回答を予測する。勾配を使ったパラメータ更新は行われない。

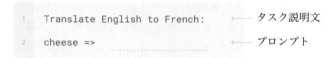

図2 GPT-3 のゼロショット。タスクの内容を示す文とタスクを入力すると，その答えを返す（この場合は "cheese" をフランス語に翻訳する）。図は文献 [2] から引用・翻訳した。

その条件付き確率として，タスクの答えを生成させます。また，タスク説明文とプロンプトの間に，問題を解いた例を文として挿入することも可能です。これは数ショット（few-shot）と呼ばれ，ゼロショットよりもタスクを精度良く解くことができます。

1.1 基盤モデルの特徴

　基盤モデルは，汎用的に使用できる大規模モデルです。つまり，理想的な基盤モデルが1つあれば，それを微調整 (fine-tune) して転移学習 (transfer learning) することで，もしくはゼロショットのように微調整することなくモデルに例を示して推論させることで，多様なタスクに対応できます。大量のデータで学習するため表現力が高く，幅広い応用が可能であり，複数のドメインのデータで学習した基盤モデルを構築すれば，1つのモデルでそれらのドメインすべてを網羅できます。単一の（教師あり）データセットだけでは学習するデータが足りないので，必然的に，複数のデータセットで学習を行うマルチタスク学習や，教師データを必要としない自己教師あり学習（self-supervised learning）を使うことになります。

1.2 基盤モデルにおける均一化という概念

　基盤モデルにおける重要な概念として，"homogenization"（均一化）をBommasani ら [1] は提唱しています。これは，1つの基盤モデルから多くのモデルが派生している状況を指します。自然言語処理（natural language processing; NLP）の分野でいうと，BERT [4] や T5 [5] などの少数のモデルをベースに，最近の SOTA（state of the art）[1] モデルが開発されている状況です。たとえば，BERT 自体は巨大なモデルなので，フルスクラッチで学習[2]させることは非常に大変ですが，Hugging Face[3] を使うことで，簡単に BERT の事前学習モデルが利用できます。このように，BERT をはじめとする高性能なモデルが簡単に利用できる状態で共有されているため，自社プロダクトに活用したり，それらをベースにさらに高性能な手法を開発することが簡単になっています。

　CV の分野でも，TensorFlow や PyTorch を使って，EfficientNet や Swin Transformer などの高性能モデルの事前学習モデルを利用することができます。これも均一化の例です。

1.3 基盤モデル構築を可能にした3つの要素

　この項では，基盤モデルの構築を可能にした3つの要素を，Bommasani ら [1] の論文をベースに説明していきます。紙面に制限があるため，要点のみ解説していきますが，原論文では非常に詳細に述べられています。詳しく知りたい

[1] もともとは「最先端」という意味ですが，深層学習界隈では「最高精度をもつモデル」という意味合いでよく使われます。
[2] フルスクラッチ学習とは，学習済みモデルを用いず，ランダムに初期化されたモデルをデータセットで学習させることです。
[3] https://huggingface.co/

方は原論文を読むと，非常に勉強になると思います。Bommasani らは，基盤モデル構築を可能にした要素技術として，以下の 3 つを挙げています。

(1) ハードウェア能力の向上とソフトウェアの最適化
(2) トランスフォーマーモデルの発明
(3) 大規模データの利活用

(1) ハードウェア能力の向上とソフトウェアの最適化

　まず，ハードウェアの能力向上について見ていきます。図 3 を見てください。この図は最近 4 年間の GPU の性能向上とモデルの巨大化を表しています。GPUの処理性能は 2016〜2020 年の 4 年間で 10 倍に向上しているのに対し，モデルはそれをはるかに超える速度で巨大化しており，特に計算量（Model FLOPs）は2 年足らずで 1,000 倍近く上昇しています。FLOPs は floating-point operationsのことで，Model FLOPs はモデルの浮動小数点の計算回数，つまりモデルの計算コストのことです[4]。

　このモデルの巨大化には，ハードウェア性能の向上だけでは追いつけないため，深層学習アルゴリズムや周辺のソフトウェア環境の改善が必要になります。深層学習アルゴリズムの改善には，たとえば，等価な計算グラフをより効率的に探索したり（Jia ら [6] など），各 GPU に専門モデルを分散させて計算させることでメモリ効率化を測ったり [7] する方法などがあります。ソフトウェア環境の改善では，通常の 32 bit 浮動小数点の計算の代わりに半精度（16 bit）で計算を行うことによる高速化・省メモリ化 [8] や，深層学習を高速化・大規模化するための Microsoft の DeepSpeed ライブラリ[5] が挙げられます。DeepSpeedでは，ZeRO というアルゴリズム [9] を使って，最大で 130 億パラメータのモデルを単一の V100 GPU で学習させることができます。

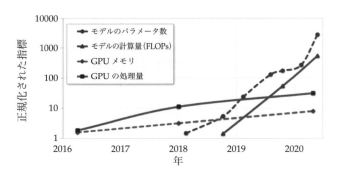

図 3　ハードウェアとモデルの成長。4 年間で GPU の処理量（throughput）は10 倍以上になっているのに対し，モデルの大きさはそれをはるかに超える速度で上昇している。図は文献 [1] から引用・翻訳した。

4) FLOPS（floating point operations per second）と異なることに注意。

5) https://github.com/microsoft/DeepSpeed

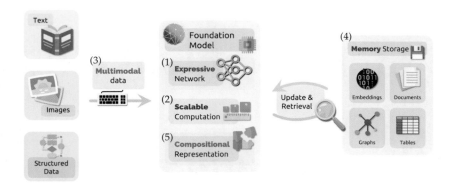

図 4 基盤モデルの 5 つの特性。図は文献 [1] から引用し，本文中との対応を
わかりやすくするために (1)〜(5) の番号をつけた。

(2) トランスフォーマーモデルの発明

Bommasani ら [1] は，基盤モデルがもつべき特性を，以下の 5 つとしていま
す（図 4）。

1. 表現力：豊富な情報を柔軟に捉えて表現できること
2. 拡張性：大量のデータを効率的に処理できること
3. マルチモダリティ：さまざまなモダリティやドメインを結合できること
4. 記憶容量：蓄積された膨大な知識を保存できること
5. 多要素合成性[6]：新しいコンテキスト，タスク，環境で高い性能を発揮で
   きること

6) 原論文では，"composition-ality" と書かれています。多くの異なった要素を組み合わせて，新しいタスクなどで高い性能を発揮することを指しています。

トランスフォーマーの発明が基盤モデルに与えた影響を，これらと関連付けな
がら，見ていきましょう。

トランスフォーマーには，(a) 長距離相互作用を扱える自己注意機構（self-
attention）をもつこと，(b) 弱い帰納バイアスでいろいろなデータを汎用的に扱
えること，(c) 大規模データで性能が向上すること，という特色があります。ま
ず，それらを見ていきます。

(a) 長距離相互作用を扱える自己注意機構　トランスフォーマーでは，自己注
意機構という仕組みを使って情報を伝播させていきます。良い日本語の解説記
事が多数あるため[7] ここでは詳細は割愛しますが，自己注意機構とは，トーク
ン（token）と呼ばれる単語のようなものどうしの関連性を計算する，内積注
意という機構を使った深層学習モデルのネットワークです。各トークンどうし
で計算を行うことで，入力データ全域で関連性を計算します（図 5）。CV 分野
で活用されている CNN（convolutional neural network）では，一般的にカー

7) https://deeplearning.hatenablog.com/entry/transformer など

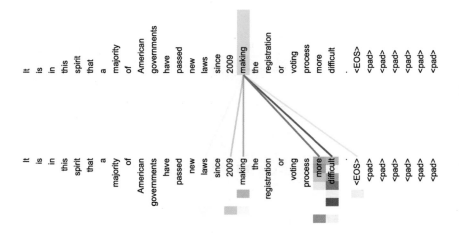

図 5　自己注意の例。各トークンどうしで関連性を計算させるため，入力データ全域を見る機構になっている。図は文献 [10] から引用した。

ネルサイズ分（3〜7 が多い）しか視野がないのに対し，トランスフォーマーはCNN とは大きく異なった伝播方法を用いてデータを処理します。

(b) 弱い帰納バイアスでいろいろなデータを汎用的に扱える　トランスフォーマーのもう 1 つの特徴は，帰納バイアスが弱いということです。帰納バイアスとは，モデルが暗黙的にもっているデータに対する仮定のことです。たとえばCNN はカーネルサイズの範囲に何らかの特徴が内在していることを仮定しており，RNN（recurrent neural network）は 1 つ前の時刻のデータと大きな相関があることを仮定しています。これらの仮定が，それぞれ画像，時系列のデータ形式に対して有効だったため，CNN は動画像，RNN は時系列データで成果を挙げてきました（図 6 (a), (b)）。

　しかし，この帰納バイアスは，大量にデータがあるときに邪魔になるという指摘があります。すなわち，帰納バイアスは，データが比較的少ない場合はデータ不足を補うために重要な役割を果たすが，データが十分にあるときは，逆に学習の妨げになるということが Dosovitskiy ら [11] によって述べられています。トランスフォーマーで重要な役割を担っている自己注意機構は，データ間の関連性を内積によって計算しているだけなので，情報の局在性を仮定しているCNN や，1 つ前の時刻との強い相関を仮定している RNN と比較すると，比較的帰納バイアスが弱くなります（図 6 (c)）。Vision Transformer（ViT）[11]は 3 億データのデータセットを使ってトランスフォーマーモデルを学習したことで，画像に対して有効な帰納バイアスをもつ CNN 系のモデルを超える性能に達しました。トランスフォーマーは ImageNet で CNN 系のモデルを超える

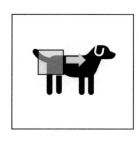

局所的に情報が集約されていると
いう**強い帰納バイアス**が存在

(a) CNN

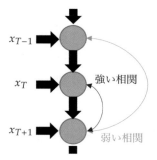

1つ前の時刻と強い相関があると
いう**強い帰納バイアス**が存在

(b) RNN

	x1	x2	x3	x4	x5	x6	x7
x1	0.012	0.016	0.026	0.008	0.023	0.011	0.003
x2	0.03	0.012	0.036	0.021	0.002	0.034	0.031
x3	0.016	0.036	0.018	0.004	0.027	0.035	0.036
x4	0.023	0.008	0.004	0.019	0.035	0.012	0.01
x5	0.026	0.03	0.035	0.029	0.028	0.025	0.005
x6	0.038	0.009	0.02	0.027	0.022	0.029	0.021
x7	0.018	0.015	0.023	0.003	0.032	0.004	0.011

全特徴量どうしで相関を計算するだけな
ので，比較的帰納バイアスが弱い

(c) 自己注意機構

図 6　CNN，RNN，自己注意機構の比較

性能を達成したという点で「表現力」を，また 3 億のデータを有効に使えると
いう点で「拡張性」「記憶容量」を備えているといえそうです。

　また，帰納バイアスが弱いということは，特定のデータやドメインに偏ったモ
デルではないことを示唆します。つまり，トランスフォーマーは，大量のデー
タさえあれば，さまざまなデータやドメインに適用可能だということです。現
に，Vision Transformer の登場以降，幅広いデータやドメインにトランスフォー
マーが適用されて，成果を挙げています。たとえば，点群に適用できる Point
Transformer [12]，3 次元構造をもつ分子に適用できる 3D-Transformer [13] な
どが挙げられます。

　画像のみ，テキストのみというように単一のデータ形式を扱うのではなく，複
数のデータ形式を同時に扱う（マルチモーダル）ことができることも，トラン
スフォーマー系のモデルの大きな特徴です。マルチモーダルでとくに活用が盛
んなのは，もともとトランスフォーマーが対象にしていた NLP 分野と，Vision
Transformer の発明により活用が大きく促進された CV 分野のデータを同時に

扱う Vision & Language（V&L）分野です。たとえば，テキストと画像から該当のカテゴリを判別する CLIP [14] や，その CLIP を使ってさまざまなテキストから画像を生成する DALL·E [15]（図7）が有名です。CV と NLP のマルチモーダル以外では，音データと動画を同時に扱える Perceiver [16] があります。このように，トランスフォーマーは「マルチモダリティ」があるといえます。

(c) 大規模データで性能が向上する　近年の傾向として，トランスフォーマー系のモデルは，大量のデータを必要とし，データや計算量が多いほど性能が向上していきます [11, 17]。たとえば ViT では，130 万データ規模（ImageNet）から 3 億データ規模（JFT-300M）までデータ数を変えて実験されており，その傾向が明らかになっています（図8）。また，さまざまなドメインのデータで計算資源，データ量，モデルサイズに対する性能（損失の値）を調査した Henighan らの文献 [18] によれば，それらの三者に対して冪乗則的に損失関数の値が下がっていきます。この結果は，冪乗則に従わなくなるスケーリング則[8]の限界が見えておらず，データなどをさらに追加していけば，まだ性能を改善できることを示唆しています。その一例として，図9に，計算量に対する性能（損失）の変

[8] 機械学習の世界で，性能と何らかの指標を大きくしていったときに従う法則のことを，スケーリング則（scaling law）と呼んでいます。

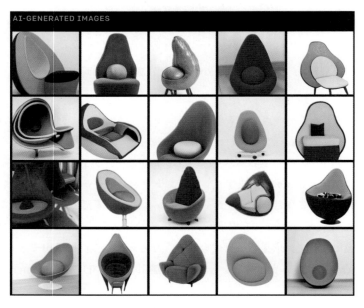

図 7　DALL·E に "an armchair in the shape of an avocado. an armchair imitating an avocado."（アボカドの形をした肘掛け椅子。アボカドを模した肘掛け椅子）とテキストを入力して画像を生成した例。現実世界に存在しないと思われる概念でも，うまく生成することができる。

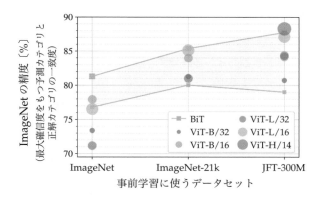

図 8　Vision Transformer でデータ数を変えて実験をした例。横軸を右に行く
ほどデータ数が多い。BiT は CNN 系のモデルで，ViT が Vision Transformer
である。データ数が一番多い JFT-300M では，CNN を超える性能を示してい
る。図は文献 [11] から引用・翻訳した。

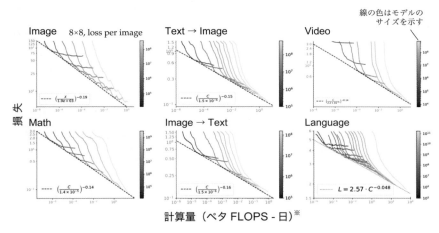

※　横軸は，原論文には "petaflop-days" と書かれているが，おそ
らく "petaflop/s-days" のことであり，1 秒間に 1 ペタ（10 の
15 乗）回の演算操作を，1 日分行った計算量を指す。

図 9　データのスケーリング則の例。この図では，損失の値と計算量が幂乗則に
従って下がっている。スケーリング則の限界が見えていないため，これよりさ
らに計算量を上げると，さらに損失が下がる（精度が改善する）可能性がある。
6 つの図のタイトルはタスクを示している。縦軸は，モデルの損失のうち改善
が可能な損失（reducible loss）[9] である。図は文献 [18] から引用・翻訳した。

[9] モデルの損失は，改善が可能
な損失と改善が不可能なノイ
ズ（irreducible loss）の和で書
ける。

化を示します。実際，動画と言語で自己教師あり学習を行う MERLOT [17] で
は，600 万もの動画データを使っていますが，さらなるデータ追加の有効性が
指摘されています [17]。

(3) 大規模データの利活用

　前述したように，トランスフォーマーモデルを使った基盤モデルは，大量の
データで事前学習させることが必要です。しかし，大量のデータの収集にはい
くつかのハードルがあります。たとえば，データが少ない，データにラベルが
つけられていない，などです。しかし，ここでは，データはいったん用意できた
ことにして，そのデータでどうやって学習をしていくのかを見ていきます。こ
こでは，(a) 教師あり学習，(b) 自己教師あり学習，(c) マルチタスク学習の 3 つ
を見ていきます。

(a) 教師あり学習　　教師あり学習は CV 分野で最も一般的な事前学習です。各
入力データに紐づけられた正解データの値を出力できるように，モデルを学習す
る手法です。PyTorch，TensorFlow などメジャーな深層学習ライブラリでは，
ImageNet で教師あり学習を行って得られた事前学習済みのモデルを気軽に利
用することができます。ImageNet などの分類問題の教師あり学習は最も一般
的な形式の学習方式であるため，初学者でも簡単に行えるというメリットがあ
ります。ただし，基盤モデルのためには，ImageNet のようにアノテーション
が付与された大規模データセットが必要です。ここで，そのような大規模デー
タセットを用意する困難さについて触れておきます。

　ImageNet は 130 万の画像とそれに付随するアノテーションが用意されてい
ますが，この規模のデータセットを自前で用意しようと思うと，非常に大変で
す。データ収集の困難さに加えて，アノテーションの付与も専門知識が必要な
難しい作業だからです。たとえば，ImageNet データセットにおけるアノテー
ションでは，画像を 1,000 カテゴリに分類する必要があります。そのためには
全カテゴリの特徴を覚えていなくてはならないため，難易度は低くありません。
高度な知識を必要とする医療データセットでは，アノテーションを行う人の習
熟度がデータセットの品質に顕著な影響を及ぼします。こうしたことから，教
師データがすべて正しいわけではないという問題が生じます。Northcutt らの
調査 [19] によると，さまざまなデータセットに平均 3.4% 程度のミスが含まれ
ています。誤ったアノテーションは，学習に悪影響を与えます。

(b) 自己教師あり学習　　自己教師あり学習は CV 分野で近年注目されている技
術で，画像そのものから教師信号を取得して学習します。自己教師あり学習に
はさまざまな手法がありますが，1) 同じ画像に異なるデータ拡張を施して同じ
画像かを判別させるタスクで学習する手法と，2) 画像にマスクをかけてマスク
部分を当てるタスクで学習する手法の 2 タイプに分けることができます。前者
には，複数の画像に異なるデータ拡張をかけた画像群から，同じ画像のペアを

探す対照損失（contrastive loss）などが使われます。代表例は，SimCLR [20]，BYOL [21]，DINO [22] です[10]。SimCLR を例にとって説明すると，手順は以下の 3 段階に分かれます（図 10 (a)）。

1. 画像に異なるデータ拡張をかけて複数の画像にする。
2. 同じモデル（CNN ＋ MLP）を使って画像の表現ベクトルを得る[11]。

10) 詳しく知りたい方は，原論文や『コンピュータビジョン最前線 Winter 2021』の「イマドキノ CV」，本書「フカヨミ DINO」を参照してください。

11) 後続タスクで扱うのは CNN を通した直後の表現ベクトルです。CNN で得られた表現ベクトルを，MLP を使って非線形変換したもので学習するほうが，良い表現ベクトルが得られると，SimCLR の著者たちは述べています。

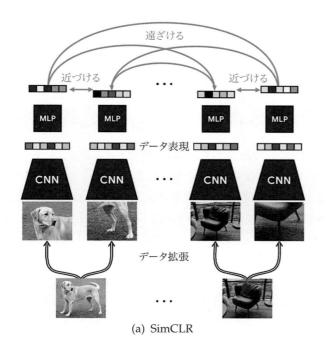

(a) SimCLR

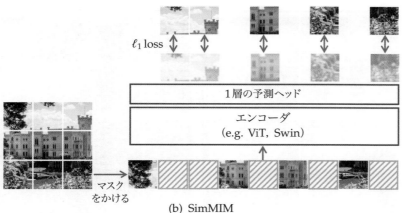

(b) SimMIM

図 10　2 つの自己教師あり学習手法の概念図。自己教師あり学習は，画像の構造をアノテーションなしで学習できるタスクを通じて行われる。図は Google AI のブログ（https://ai.googleblog.com/2020/04/advancing-self-supervised-and-semi.html）と [24] から引用・翻訳した。

3. 同じ画像を別々にデータ拡張した画像の表現ベクトルを近づけるように，また，異なる画像の表現ベクトルは遠ざけるように，モデルを更新する。

この学習過程により，同じような画像を同じような表現ベクトルに落とし込むことができます。このようにペアを探す学習方法を，対照学習（contrastive learning）と呼びます。

後者は MAE [23]，SimMIM [24] が該当し，BERT で使われているマスク言語モデルの考え方を画像に適用したモデルです。SimMIM の学習の仕組みは以下のとおりです（図 10 (b)）。

1. 画像を複数のパッチに分割し，一部にマスクをかけてモデルから見えない状態にする。
2. マスクしたパッチを予測し，その差分をもとにモデルを更新する。

このように，画像の一部から残りの部分を推測させるタスクを解くことにより，画像データの構造の知識をモデルが取得します。

　自己教師あり学習を使った事前学習では，SimCLR や SimMIM のように自己教師あり学習タスクを設定しなければならず，学習手法が複雑になりがちです。一方，アノテーションをする必要がないというメリットがあります。このメリットはデータセットの規模が大きくなるほど顕著になるため，大量のデータを必要とする基盤モデルと相性が良さそうです。

　また，自己教師あり学習と教師あり学習で，モデルが取得する表現が異なることが示唆されています [25]。図 11 は，ViT，ResNet それぞれで自己教師あ

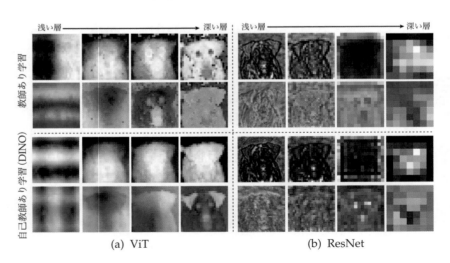

(a) ViT　　　　　　　(b) ResNet

図 11　ViT，ResNet それぞれで自己教師あり学習，教師あり学習を行ったときに取得される特徴量。ViT に関して，自己教師あり学習のほうが意味領域をより良く判別する特徴量を取得できている。図は文献 [25] から引用・翻訳した。

り学習と教師あり学習を行ったときに取得される特徴量を示しています。図 11
(a) の ViT の取得特徴量を見ると，自己教師あり学習のほうが意味領域をより
良く判別する特徴量を取得できていることがわかります。これは，教師あり学
習で学習すると，教師あり学習（画像分類）に直接関連しない特徴量は学習し
にくいからだと考えられます。自己教師あり学習のほうが，意味的にリッチな
特徴量を取得できており，さまざまなタスクへ適用することを前提とする基盤
モデルでは，有利にはたらきそうです。

(c) マルチタスク学習　マルチタスク学習は，その名のとおり，さまざまなタ
スクを同時にこなしながら学習していきます。マルチタスク学習では，単一の
モデルにさまざまな形式のデータセットを読み込ませながら学習していくので，
単一タスクで学習させる場合よりも多くのデータを使った学習ができます。そ
のため，基盤モデルとは相性の良い方法といえます。また，それぞれのタスク
が互いに正則化の効果を生み，過学習の軽減が見込まれる上，他のタスクの知
識が転移する場合があり，単一タスクで学習させるより精度が上がることもあ
ります。タスクとしては，教師あり学習のタスクを複数組み合わせてもよいで
すし，そこに自己教師あり学習のタスクを加えても構いません。

2　NLP 分野，CV 分野の基盤モデル

　ここまでは，基盤モデルの概念や，基盤モデルの構築を可能にする要素を見て
きました。ここからは，2022 年 1 月現在の基盤モデルを見ていきましょう。ま
ず，NLP 分野の基盤モデルを紹介し，次に CV 分野の基盤モデルを紹介します。

2.1　NLP 分野の基盤モデル

　NLP 分野で最も強力な基盤モデルが GPT-3 [2] です。GPT-3 は，タスクをこ
なすときに基本的にモデルの微調整を行わず，ゼロショットと呼ばれる推論形式
でタスクをこなします（図 2）。このゼロショットは，GPT-3 が自己回帰型モデル
である（入力フレーズから後続する語句を生成させるように学習する）ことを
利用し，タスクの説明とタスク自体を文として与え，タスクの答えを後続文とし
て生成する形でタスクをこなします。このタスクは，GPT-3 の学習中に明示的に
行っているものではないことに注意しましょう。これは，Bommasani らの論文
[1] において，基盤モデルの重要な要素に位置付けられる「創発」（emergence）
という現象です。これは，モデルの振る舞いが明示的に構築されるのではなく，
暗黙のうちに誘発されて生じることを意味しています。

12) https://openai.com/blog/gpt-3-apps/

　GPT-3 の学習済みモデルは OpenAI が提供する API を通じて利用でき，2021年 5 月時点では 300 を超えるアプリケーションで利用されているようです[12]。教育，ゲーム，エンターテインメントなど幅広い分野で活用されており，基盤モデルのロールモデルの 1 つといえそうです。

2.2　CV 分野の基盤モデル

　CV 分野の基盤モデルは，2022 年 1 月時点において，NLP 分野に比べると出遅れ気味です。以下の 2 点が理由として考えられます。

- トランスフォーマーの本格的な活用が NLP 分野より遅かった。NLP 分野では，トランスフォーマーの原論文の時点から活用されている（2017年 6 月）のに対し，CV 分野における本格活用は ViT 登場（2020 年 11月）以降である。
- NLP 分野では，アノテーションなしで学習できる言語モデルを昔から扱っていたため，基盤モデル用の大規模データセットを用意する土壌があった。一方，CV 分野では，アノテーションなしで学習できる自己教師あり学習の興隆が NLP より遅かった（2019 年末〜）ため，自己教師あり学習用の大規模データセットの整備が NLP より遅れている。

　しかし，NLP に遅れながらもトランスフォーマーの活用が進み，アノテーションなしでモデルを学習させる環境も整備されてきたため，今後，CV 版 GPT-3が登場する可能性は十分にあると筆者は考えています。ここでは，2021 年 1 月現在で有力な CV 分野の基盤モデルを 2 つ紹介します。

(1)　Florence

　Florence [3] は，CV 分野における基盤モデルを明示的に名乗っているモデルです。Florence はインターネットで収集した，テキストと画像のデータセットを学習します。画像データとテキストデータを使って基盤モデルを構築するモデルとしては CLIP がありますが，CLIP は静的な画像とテキストの組み合わせしか扱えませんでした。Florence では，静的な表現（画像）から動的な表現（動画）へ，粗い表現（画像レベルのラベル）から細かい表現（物体レベルの検知）へ，画像から複数のモーダル（キャプション，深度）へと表現を拡張することができます（図 12）。

　Florence は，CLIP のように対照学習的な手法でモデルを事前学習した後に，タスクごとにモデルを拡張するという戦略をとっています（図 13）。具体的には，CLIP の対照学習を改善した手法で事前学習をまず行います。この時点では，画像（とテキスト）しか扱えないことに注意してください。このモデルを

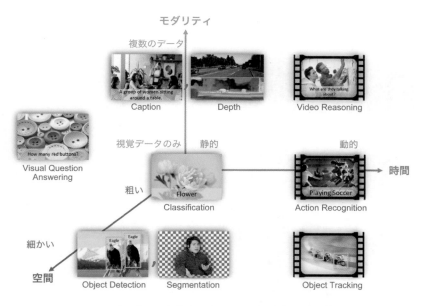

図 12　Florence の適用範囲の概念図。CV タスクは，静的から動的（時間），物体の粗い認識から位置の精密な認識（空間），画像単体からそれに付随する特徴（モダリティ）の複数の軸で拡張でき，Florence はそれらすべてに対応している。図は文献 [3] から引用・翻訳した。

動画や物体検知など，さまざまなタスクに対応できるように，学習したモデルにタスクそれぞれ専用のヘッドをつけて再学習します。これにより，表現力に富んだ事前学習モデルを使いながらも，所望のタスクへ適応させることができます。

　CLIP の事前学習で行われる対照学習の具体的イメージをつかむために，図 14 を参照してください。画像とテキストのペアで構成されるデータセットを使い，テキストの埋め込み特徴量と画像の埋め込み特徴量でどの画像がどのテキストとペアになっているかを当てるタスクで学習します。この事前学習では，FLD-900M（FLD は FLorenceDataset の略）という 9 億の画像とテキストのペアのデータセットを使います。

　Florence はこの事前学習のあとに，図 12 の「モダリティ」「空間」「時間」のそれぞれについて，モデルに拡張方法を適用するという戦略をとっています。モデルの拡張方法としては，タスク専用のヘッドを付与するなどという手法を使っています。たとえば，空間方向の拡張（物体検知）では，画像用エンコーダに Dynamic DETR [26] を付加して学習させるという手法をとっています。この学習のために，FLOD-9M（FLOD は FLorence Object detection Dataset の略）という 900 万枚の物体検知用データセットを，COCO, OpenImages など，

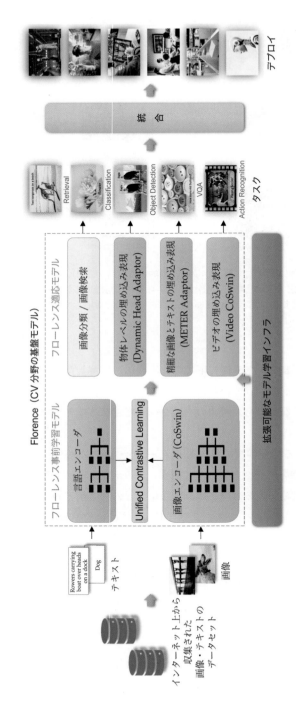

図 13 Florence の事前学習とタスク適応。まず、テキストと画像で対照学習を行い（フローレンス事前学習モデル）、それぞれのタスクに合わせてヘッドをつけるなどの方法で、さまざまなタスクに適応させる（フローレンス適応モデル）。図は文献 [3] から引用・翻訳した。

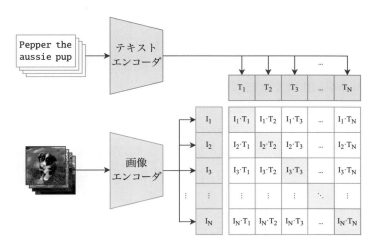

図 14　CLIP で行われている対照学習の概念図。テキストと画像のペアで構成されるデータセットを用いて，どの画像がどのテキストとペアになっているかを当てるタスクで学習を行う。図は文献 [14] から引用・翻訳した。

物体検知のデータセットと組み合わせて構築しています。この物体検知用アダプタを付加したモデルを微調整して，物体検知に対応させます。画像と NLP の質疑応答を組み合わせた VQA タスクでは，METER [27] をヘッドとして付加し，微調整をして適応させます。METER では，注意機構の query, key, value の値を画像と言語を跨いで計算させています。これは，画像や言語を同じ「トークン」として扱えるトランスフォーマーならではの特徴です（図 15）。METER では，まず，画像とテキストをそれぞれ自己注意機構で抽象化します。その後，画像とテキストを混ぜて自己注意をとります。具体的には，異なるデータから

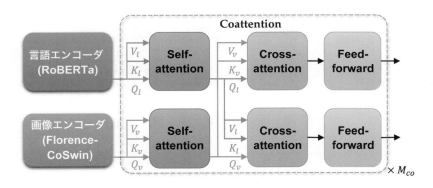

図 15　METER を使ったヘッド。画像や言語を同じ「トークン」として扱えるため，ドメインを跨いで注意値を計算することができる。図は文献 [3] から引用・翻訳した。

クエリ（Q）をもってきて計算させることで，マルチモーダル間で情報を参照しながら伝播させています（cross-attention）。

最後に，Florence の成果を少し紹介します。紙面に制限があるため，詳しく書きませんが，図 12 や図 13 にあるように，画像分類（classification），物体検知（object detection），行動検知（action recognition），画像検索（retrieval）など，本当に多くのタスクで強力な性能を発揮しています。論文 [3] のタイトルどおり，"Foundation model" となっています。詳細を知りたい方は，原論文を参照してください。

(2) ViTBERT

ViTBERT [28] は，画像と言語のマルチタスク学習により事前学習をする基盤モデルです。画像タスクと言語タスクで重みを共有したトランスフォーマーを使い，マルチタスク学習を行います。マルチタスク学習の際に，(i) より正確な教師信号を与えるために，オリジナルの ViT と BERT を教師として知識蒸留を行うことと，(ii) 言語タスクと画像タスクの勾配の衝突を防ぐために，勾配の大きさによってマスクをかける，という 2 つの工夫をしています。

ViTBERT の概念図を示したのが，図 16 です。ViTBERT では，画像タスクと言語タスクによるマルチタスク学習を行う際，パラメータの大部分を共有することが特徴です。このようなことができるのも，画像と言語を同じ「トークン」として扱えるトランスフォーマーだからです。

マルチ学習のタスクは，画像系のタスクとしては ImageNet，言語系のタスクとしては，Multi-Genre Natural Language Inference（MNLI），Quora Question Pairs（QQP），Question Natural Language Inference（QNLI），Stanford

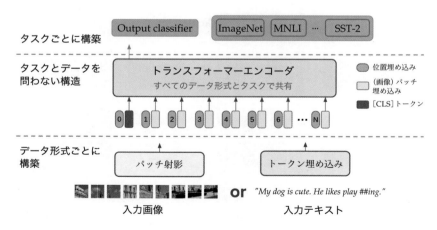

図 16 ViTBERT の概念図。図は文献 [28] から引用・翻訳した。

Sentiment Treebank（SST-2），Recognizing Textual Entailment（RTE）の5タスクを行っています。

(i) ViT，BERT を教師モデルとした知識蒸留

知識蒸留（knowledge distillation; KD）[29] は，巨大で高精度なモデル（教師モデル）の知識を，小さくて低精度なモデル（生徒モデル）に移植する試みです。たとえば分類問題を例にとって，具体的な手続きを説明しましょう。生徒モデルの学習のときに，通常の分類損失（交差エントロピー L_{CE}）とは別に，教師モデルと生徒モデルの出力を近づけるための項を設けます。この項には，損失として，教師モデルの出力 z_t と生徒モデルの出力 z_s の Kullback-Leibler（KL）ダイバージェンス D_{KL} がよく用いられます。具体的な損失関数は，α を正則化項の係数として，以下のように書かれます。

$$L = L_{CE} + \alpha D_{KL}(z_t, z_s) \tag{1}$$

ちなみに，この知識蒸留は，先述したように「巨大で高精度なモデル（教師モデル）の知識を，小さくて低精度なモデル（生徒モデル）に移植する」という文脈でよく使われますが，実は，逆に小さいモデルから大きいモデルへ知識蒸留をしても精度が向上します。この現象について，Yuan ら [30] は，知識蒸留が正則化として機能している可能性を指摘しています。

(ii) 勾配のマスク

ViTBERT では，画像と言語による多くのタスクを解くため，異なるタスクから異なった方向への勾配が得られ，それにより，モデルの性能が下がってしまう勾配衝突（conflicting gradient）と呼ばれる現象が発生することがあります [31]。この現象を防ぐために，ViTBERT は勾配にマスクをかけることで，更新するパラメータを画像系タスクと言語系タスクで分けるという戦略をとっています。言語タスクの損失を L_{txt}，画像タスクの損失を L_{img}，マスクを M とすると，全体の勾配は以下のように計算されます。

$$G_{txt} = \frac{\delta L_{txt}}{\delta \theta}, \quad G_{img} = \frac{\delta L_{img}}{\delta \theta} \tag{2}$$

$$G_{global} = M \odot G_{txt} + (1 - M) \odot G_{img} \tag{3}$$

ここでのマスク M は 0 か 1 の値をとります。式 (2) で使うマスクは，まずはすべて 1 で初期化し，つまりすべて言語タスクの勾配でモデルを更新するようにしておき，次に，勾配が小さいパラメータの部分を徐々に 0 にして，画像タスクの知識をモデルに反映させていきます。

表1 ViTBERT の学習テクニックの効果。表内左列のランダム初期値，BERT 初期値，ViT 初期値はそれぞれランダムな値，学習済み BERT，学習済み ViT を初期値としたことを示す。"マルチタスク初期値" は ViT-BERT で行っている画像と言語のマルチタスク学習（知識蒸留と勾配マスクなし）を初期値としたことを示す。表は文献 [28] から引用・翻訳した。

Pre-train	テキストのみのタスク						画像のみのタスク						Avg.
	MNLI	QQP	QNLI	SST-2	RTE	Avg.	C10	C100	IN-1K	Flower	Pet	Avg.	
ランダム初期値	43.4	75.5	49.4	80.5	51.6	60.1	68.0	39.2	19.5	27.8	9.1	32.7	46.4
BERT 初期値	84.4	90.6	91.0	92.5	81.9	**88.1**	68.8	38.0	17.9	16.3	9.5	30.1	59.1
ViT 初期値	51.6	75.7	49.5	68.0	52.0	59.4	98.1	87.1	77.9	89.5	93.8	**89.3**	74.3
マルチタスク初期値	78.4	88.4	87.4	80.5	60.3	79.0	97.5	84.8	74.2	88.5	93.0	87.6	83.3
ViT-BERT	81.8	88.9	89.7	90.4	64.6	83.1	98.3	84.8	78.3	89.7	93.7	89.0	**86.0**
知識蒸留なし	81.9	89.6	90.0	89.2	58.8	81.9	97.4	82.3	75.4	88.2	92.2	87.1	84.5
勾配マスクなし	80.8	89.6	88.9	91.1	57.4	81.6	97.6	85.3	79.1	90.3	92.8	89.0	85.3

学習テクニックの導入効果

　知識蒸留と勾配のマスクの効果を確かめた結果を，表1に示します。この表を見ると，BERT を初期値としたものは，言語タスクで高いスコアをもっている一方で，画像系タスクでは低いスコアとなっていることがわかります。逆に，ViT を初期値とすると，画像系タスクでは高いスコアになるのに対して，言語タスクでは低くなります。これは，予想どおりです。ここで注目したいのが，画像タスクと言語タスクでマルチタスク学習を行った "マルチタスク初期値" です。それぞれの専門モデルで学習した結果には及びませんが，画像とテキストの両方で高いスコアを出しています。この "マルチタスク初期値" と，マルチタスク学習をうまくいかせるテクニックとして導入した知識蒸留のみ導入（勾配マスクなし）と勾配マスクだけ導入（知識蒸留なし）のそれぞれの実験を比べると，スコアが向上しているタスクが多くあります。これを見ると，どちらのテクニックにも一定の効果があったといえます。

　このように，マルチタスク学習を使用して大規模データセットで学習する手法は，今後の CV 系基盤モデルの潮流になるかもしれません。

3　基盤モデルの課題

　多くの利点があり，強力な基盤モデルですが，いくつか問題を抱えています。ここでは，法律上の問題と偏見の問題をかいつまんで説明します。

　まず，法律上の問題です。基盤モデルに限らず，CV を含む AI 分野一般に関する法律は，まだ整備されていません [1]。たとえば，学習データセットに含まれるテキストや画像の著作権・肖像権の取り扱いを曖昧にしたままで学術界や産業界で使用されていたり，それを使って学習したモデルに対する法的な位置付けや取り扱いに関する規制がいまだに曖昧だったりします。基盤モデルは大

規模データセットで学習することを前提としており，GPT-3 や Florence もインターネット上から収集したデータを使って学習をしています。米国では，サーバーに「許可なく」アクセスした場合は違法であり，その解釈によっては，これは上記以外の法律的問題になり得ます。

もう 1 つの法律上の問題は，出力結果の責任の所在です。基盤モデル自体は特定タスクに向けたモデルではないことから，微調整やゼロショットを通じてある基盤モデルが特定タスクに適用され，その出力によって損害が生じた場合は誰に責任があるのでしょう。たとえば，基盤モデルを微調整したモデルが自動運転や医療診断に用いられ，重大な問題を起こすことが考えられます。その責任の所在が誰にあるのかは，法律上まだ定まっていません。

次に，偏見の問題です。基盤モデルの特色は均一化，すなわち，1 つの強力なモデルをさまざまなタスクに活用していくことです。しかし，その基盤モデルが何らかの偏見を伴って学習していた場合，その下流タスク用モデルもその偏見を反映してしまう可能性があります。NLP 分野では，GPT-3 が人種的・宗教的な偏見を伴っていたことが有名ですが，CV 分野でも偏見の問題は起こり得ます [32]。たとえば，図 17 は，あるデータセットにおいて，オルガンと人物が写っている画像を，両者の距離順に並べ替えたものです。男性はすべての画像で演奏者ですが，女性は聴衆の場合もあることがわかります。このデータセットで学習すると，オルガンとの関係性における男女の非対称性を反映してしまう可能性があります。

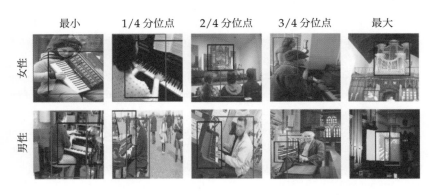

図 17　オルガンと人物が写っている画像を，その画像中に写っている人物とオルガンの距離順に並べ替えたもの。男性はすべての画像で演奏者だが，女性は聴衆の場合もあり，男性と女性で差がある。図は文献 [32] から引用・翻訳した。

4 おわりに

　本稿では，大規模データセットを学習する基盤モデルの概念と CV 分野への適用を説明しました．大規模データセットと大規模モデルを使った事前学習→転移学習の流れは，近年加速しつつあります．本稿が，基盤モデル構築の意義や基盤モデルの弱点を理解する助けになれば幸いです．

参考文献

[1] Rishi Bommasani, Drew A. Hudson, Ehsan Adeli, Russ Altman, Simran Arora, Sydney von Arx, Michael S. Bernstein, Jeannette Bohg, Antoine Bosselut, Emma Brunskill, et al. On the opportunities and risks of foundation models. *arXiv preprint arXiv:2108.07258*, 2021.

[2] Tom B. Brown, Benjamin Mann, Nick Ryder, Melanie Subbiah, Jared Kaplan, Prafulla Dhariwal, Arvind Neelakantan, Pranav Shyam, Girish Sastry, Amanda Askell, et al. Language models are few-shot learners. *arXiv preprint arXiv:2005.14165*, 2020.

[3] Lu Yuan, Dongdong Chen, Yi-Ling Chen, Noel Codella, Xiyang Dai, Jianfeng Gao, Houdong Hu, Xuedong Huang, Boxin Li, Chunyuan Li, et al. Florence: A new foundation model for computer vision. *arXiv preprint arXiv:2111.11432*, 2021.

[4] Jacob Devlin, Ming-Wei Chang, Kenton Lee, and Kristina Toutanova. BERT: Pre-training of deep bidirectional Transformers for language understanding. *arXiv preprint arXiv:1810.04805*, 2018.

[5] Colin Raffel, Noam Shazeer, Adam Roberts, Katherine Lee, Sharan Narang, Michael Matena, Yanqi Zhou, Wei Li, and Peter J. Liu. Exploring the limits of transfer learning with a unified text-to-text Transformer. *arXiv preprint arXiv:1910.10683*, 2019.

[6] Zhihao Jia, James Thomas, Tod Warszawski, Mingyu Gao, Matei Zaharia, and Alex Aiken. Optimizing DNN computation with relaxed graph substitutions. In *SysML 2019*, 2019.

[7] William Fedus, Barret Zoph, and Noam Shazeer. Switch Transformers: Scaling to trillion parameter models with simple and efficient sparsity. *arXiv preprint arXiv:2101.03961*, 2021.

[8] Paulius Micikevicius, Sharan Narang, Jonah Alben, Gregory Diamos, Erich Elsen, David Garcia, Boris Ginsburg, Michael Houston, Oleksii Kuchaiev, Ganesh Venkatesh, et al. Mixed precision training. *arXiv preprint arXiv:1710.03740*, 2017.

[9] Samyam Rajbhandari, Jeff Rasley, Olatunji Ruwase, and Yuxiong He. ZeRO: Memory optimizations toward training trillion parameter models. In *SC20: International Conference for High Performance Computing, Networking, Storage and Analysis*, pp. 1–16. IEEE, 2020.

[10] Ashish Vaswani, Noam Shazeer, Niki Parmar, Jakob Uszkoreit, Llion Jones, Aidan N. Gomez, Łukasz Kaiser, and Illia Polosukhin. Attention is all you need. *arXiv preprint arXiv:1706.03762*, 2017.

[11] Alexey Dosovitskiy, Lucas Beyer, Alexander Kolesnikov, Dirk Weissenborn, Xiaohua

Zhai, Thomas Unterthiner, Mostafa Dehghani, Matthias Minderer, Georg Heigold, Sylvain Gelly, et al. An image is worth 16×16 words: Transformers for image recognition at scale. *arXiv preprint arXiv:2010.11929*, 2020.

[12] Hengshuang Zhao, Li Jiang, Jiaya Jia, Philip H. S. Torr, and Vladlen Koltun. Point Transformer. In *IEEE/CVF International Conference on Computer Vision*, pp. 16259–16268, 2021.

[13] Fang Wu, Qiang Zhang, Dragomir Radev, Jiyu Cui, Wen Zhang, Huabin Xing, Ningyu Zhang, and Huajun Chen. 3D-Transformer: Molecular representation with Transformer in 3D space. *arXiv preprint arXiv:2110.01191*, 2021.

[14] Alec Radford, Jong Wook Kim, Chris Hallacy, Aditya Ramesh, Gabriel Goh, Sandhini Agarwal, Girish Sastry, Amanda Askell, Pamela Mishkin, Jack Clark, et al. Learning transferable visual models from natural language supervision. *arXiv preprint arXiv:2103.00020*, 2021.

[15] Aditya Ramesh, Mikhail Pavlov, Gabriel Goh, Scott Gray, Chelsea Voss, Alec Radford, Mark Chen, and Ilya Sutskever. Zero-shot text-to-image generation. *arXiv preprint arXiv:2102.12092*, 2021.

[16] Andrew Jaegle, Felix Gimeno, Andrew Brock, Andrew Zisserman, Oriol Vinyals, and Joao Carreira. Perceiver: General perception with iterative attention. *arXiv preprint arXiv:2103.03206*, 2021.

[17] Rowan Zellers, Ximing Lu, Jack Hessel, Youngjae Yu, Jae Sung Park, Jize Cao, Ali Farhadi, and Yejin Choi. MERLOT: Multimodal neural script knowledge models. *arXiv preprint arXiv:2106.02636*, 2021.

[18] Tom Henighan, Jared Kaplan, Mor Katz, Mark Chen, Christopher Hesse, Jacob Jackson, Heewoo Jun, Tom B. Brown, Prafulla Dhariwal, Scott Gray, et al. Scaling laws for autoregressive generative modeling. arxiv abs/2010.14701 (2020). https://arxiv.org/abs, 2010.

[19] Curtis G. Northcutt, Anish Athalye, and Jonas Mueller. Pervasive label errors in test sets destabilize machine learning benchmarks. *arXiv preprint arXiv:2103.14749*, 2021.

[20] Ting Chen, Simon Kornblith, Mohammad Norouzi, and Geoffrey Hinton. A simple framework for contrastive learning of visual representations. In *International Conference on Machine Learning*, pp. 1597–1607. PMLR, 2020.

[21] Jean-Bastien Grill, Florian Strub, Florent Altché, Corentin Tallec, Pierre H. Richemond, Elena Buchatskaya, Carl Doersch, Bernardo Avila Pires, Zhaohan Daniel Guo, Mohammad Gheshlaghi Azar, et al. Bootstrap your own latent: A new approach to self-supervised learning. *arXiv preprint arXiv:2006.07733*, 2020.

[22] Mathilde Caron, Hugo Touvron, Ishan Misra, Hervé Jégou, Julien Mairal, Piotr Bojanowski, and Armand Joulin. Emerging properties in self-supervised Vision Transformers. *arXiv preprint arXiv:2104.14294*, 2021.

[23] Kaiming He, Xinlei Chen, Saining Xie, Yanghao Li, Piotr Dollár, and Ross Girshick. Masked autoencoders are scalable vision learners. *arXiv preprint arXiv:2111.06377*, 2021.

[24] Zhenda Xie, Zheng Zhang, Yue Cao, Yutong Lin, Jianmin Bao, Zhuliang Yao, Qi Dai,

and Han Hu. SimMIM: A simple framework for masked image modeling. *arXiv preprint arXiv:2111.09886*, 2021.

[25] Shir Amir, Yossi Gandelsman, Shai Bagon, and Tali Dekel. Deep ViT features as dense visual descriptors. *arXiv preprint arXiv:2112.05814*, 2021.

[26] Xiyang Dai, Yinpeng Chen, Jianwei Yang, Pengchuan Zhang, Lu Yuan, and Lei Zhang. Dynamic DETR: End-to-end object detection with dynamic attention. In *IEEE/CVF International Conference on Computer Vision*, pp. 2988–2997, 2021.

[27] Zi-Yi Dou, Yichong Xu, Zhe Gan, Jianfeng Wang, Shuohang Wang, Lijuan Wang, Chenguang Zhu, Zicheng Liu, Michael Zeng, et al. An empirical study of training end-to-end vision-and-language Transformers. *arXiv preprint arXiv:2111.02387*, 2021.

[28] Qing Li, Boqing Gong, Yin Cui, Dan Kondratyuk, Xianzhi Du, Ming-Hsuan Yang, and Matthew Brown. Towards a unified foundation model: Jointly pre-training Transformers on unpaired images and text. *arXiv preprint arXiv:2112.07074*, 2021.

[29] Geoffrey Hinton, Oriol Vinyals, and Jeff Dean. Distilling the knowledge in a neural network. *arXiv preprint arXiv:1503.02531*, 2015.

[30] Li Yuan, Francis E. H. Tay, Guilin Li, Tao Wang, and Jiashi Feng. Revisiting knowledge distillation via label smoothing regularization. In *IEEE/CVF Conference on Computer Vision and Pattern Recognition*, pp. 3903–3911, 2020.

[31] Tianhe Yu, Saurabh Kumar, Abhishek Gupta, Sergey Levine, Karol Hausman, and Chelsea Finn. Gradient surgery for multi-task learning. *arXiv preprint arXiv:2001.06782*, 2020.

[32] Angelina Wang, Arvind Narayanan, and Olga Russakovsky. REVISE: A tool for measuring and mitigating bias in visual datasets. In *European Conference on Computer Vision*, pp. 733–751. Springer, 2020.

ふじい あきひろ（株式会社エクサウィザーズ）

フカヨミ 半教師あり学習
少ないラベル付きデータでも深層学習！

■郁青（YU Qing）

　深層学習は近年いくつかのブレークスルーを経て，画像分類，物体検出，領域分割などの分野において劇的な性能向上を実現した。しかし，多くの深層学習モデルにはラベル付きの学習データが大量に必要であり，高い認識性能を実現するためには，時間とコストをかけて大規模なデータセットを用意しなければならない。この問題を解決するために，数が限られたラベル付きデータを使うと同時に，膨大なラベルなしデータもモデルの訓練に活用することでモデルの性能を向上させる，半教師あり学習が提案されている。本稿では，深層学習における半教師あり学習の発展の大枠を解説した上で，現実的な問題を解くために出会う問題点とその解決法を紹介する。

1　はじめに

　ディープニューラルネットワーク（deep neural network; DNN）は，画像分類，物体検出，自然言語処理などのさまざまな機械学習タスクを解決し，人間を上回るほどの認識性能を達成できるようになっている。しかし，大規模なラベル付き学習データセットが必要であるために，学習データの準備に多くの時間とコストを要し，その結果，深層学習手法の適用範囲が制限されてしまう。一方で，ラベルなしデータはラベル付きデータよりはるかに集めやすいので，ラベル付きデータの数が限られている場合にラベルなしデータを活用してモデルの性能を向上させる半教師あり学習（semi-supervised learning; SSL）が提案されている。教師あり学習（supervised learning; SL）がすべてのデータにラベルを必要とするのに対し，SSL はラベル付きデータに加え，ラベルなしデータから特徴量を学習する。SL と SSL の比較を図 1 に示す。

　SSL にはさまざまなアプローチがあるが，最もシンプルなものはエントロピー最小化 [1] というアプローチである。このアプローチは，ラベル付きデータで学習したモデルにラベルなしデータを入力し，信頼度の高い予測値を生成するように訓練することで，ラベルなしデータからも特徴を学習するというものである。もう 1 つの主流のアプローチは，ノイズを加えた入力画像でも原画像と同

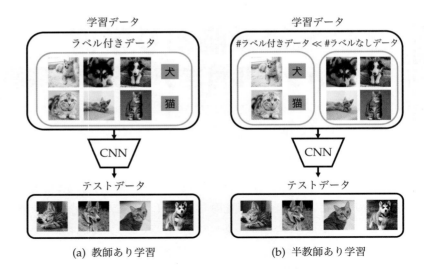

(a) 教師あり学習   (b) 半教師あり学習

図 1 教師あり学習と半教師あり学習の問題設定

じ予測値が得られるようにモデルを訓練する Consistency Regularization [2, 3] という手法である。最近発表された MixMatch，FixMatch [4, 5] は，この 2 つの手法を併用することで，さまざまな画像分類ベンチマークで高い性能を達成している。

　本稿では，2 節で SSL の基本的なテクニックである Consistency Regularization を紹介し，3 節で SSL のベンチマークで最高精度を達成した最新の手法について解説する。次に，SSL を実世界のアプリケーションに応用するときに生じる問題とその解決策を 4 節で詳述し，半教師あり学習のこれからの発展について 5 節で述べる。

2　Consistency Regularization

　Consistency Regularization は SSL に Data Augmentation を適用した手法である。Data Augmentation はもともと教師あり学習において，並進・回転・切り出しなどを入力画像に対して行うことで，教師データの過学習を防ぐ正則化手法である。SSL においては，ラベルなしサンプルに対して Data Augmentation を行い，各ラベルなしサンプルの分類結果が Data Augmentation の前後で変化しないようにモデルを訓練する。つまり，いろいろな変換を加えた入力画像を与えることで，何に基づいて物体を認識すればよいのかをモデルに学習させようとしているのである。

2.1 Π-model

Consistency Regularization を用いた最も単純な SSL 手法として，Π-model [2] が提案されている。この手法では，各ラベルなしデータに対して 2 種類の異なる Data Augmentation[1] を適用し，見た目が若干違う 2 つの入力を生成する。次に，これら 2 つの入力から得られるモデルの出力について，両者の間の距離を最小化することでモデルを訓練する。

[1] Data Augmentation は，基本的に確率的に変換方法を選ぶ。

Π-model の学習のパイプラインを図 2 に示す。サンプル x_i がネットワークに入力される前に，ランダムクロップやランダムフリップなどの確率的な Data Augmentation を 2 種類適用し，2 つのサンプル $x_i, \tilde{x}_i$ を生成する。次に，これらをネットワークに入力することで，2 つの出力 $z_i, \tilde{z}_i$ を得ることができる。この 2 つのサンプルは同じ画像から生成されているため，モデルの出力も同じになるべきである。そこで，以下の式のように，z_i と $\tilde{z}_i$ の 2 乗誤差を最小化するようにネットワークを学習させる。

$$\frac{1}{N} \sum_{i=1}^{N} ||z_i - \tilde{z}_i||_2^2 \tag{1}$$

ここで，N はサンプルの数で，$z_i = p_\theta(x_i)$ は x_i に対するモデル p_θ の出力である。この計算は教師ラベルを必要としないので，ラベル付きデータにもラベルなしデータにも適用できる。また，ラベル付きデータに関しては教師ラベルを利用できるため，交差エントロピー損失も併用することで，分類に有効な特徴量をネットワークに学習させることができる。

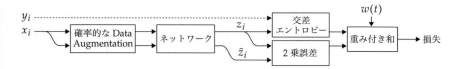

図 2　Π-model [2] の学習パイプライン。ラベル y_i と交差エントロピー損失はラベル付きデータのみに与えているのに対し，2 乗誤差はラベル付きデータとラベルなしデータ両方に対して計算される。文献 [2] より引用し，翻訳した。

2.2 Mean-teacher

Mean-teacher [3] は，Π-model と同じように 2 種類の異なる Data Augmentation で 2 つの入力 $x_i, \tilde{x}_i$ を生成するが，Π-model [2] の性能を高めるために，$x_i, \tilde{x}_i$ を同じネットワークに入力するのではなく，片方を Teacher Network と呼ばれるネットワークに入力する。式で示すと，以下のようになる。

$$\frac{1}{N} \sum_{i=1}^{N} ||p_\theta(x_i) - p_{\bar{\theta}}(\tilde{x}_i)||_2^2 \tag{2}$$

ここで，p_θ は Student Network，$p_{\hat\theta}$ は Teacher Network である。Student Network は SGD などで学習される通常のネットワークであるのに対して，Teacher Network は各パラメータの値が Student Network のパラメータの複数の学習ステップにわたる指数移動平均で計算されるネットワークである。パラメータの平均値をとることにより，Teacher Network は Student Network よりも性能が高くなる傾向がある [6] ため，Student Network の出力を Teacher Network に近づけることで，ラベルなしデータからでもモデルを訓練することができる。この考え方自体は，サンプルに仮のラベルをつけた後に訓練する Pseudo Labeling と呼ばれるアプローチに似ている。したがって，Pseudo Labeling は Consistency Regularization の一種とも見なせる。この Pseudo Labeling の方法をどう改良するのかは，ホットな話題になっている。

3　近年の発展

前述した Mean-teacher のように，Consistency Regularization に基づく手法の中でも Pseudo Labeling を用いる手法が特に注目を集めている。そうした中で近年登場したのは，MixMatch [4] と FixMatch [5] と呼ばれる手法である。

以下では，まず近年の Data Augmentation の発展について述べた後に，それらの最新 SSL 手法を紹介しよう。

3.1　Data Augmentation

これまでの Data Augmentation は，色変換・並進・回転・切り出しなどの前処理をランダムに選び，入力画像に適用していたのに対し，最新の SSL 手法の成功の基礎となった Data Augmentation は，mixup [7] や AutoAugment [8] といった新たに提案された手法である。

mixup

mixup [7] は，Alpha Blending を用いて，2 枚のラベル付きデータから新しい画像とラベルのペアを生成し，それを学習に用いる正則化手法である。mixup のデータ生成例を図 3 に示す。この合成した画像とラベルを用いることで，モデルの過学習を防ぐ正則化の効果が得られるだけではなく，2 つのデータの中間のデータを認識できるようになって認識精度が向上するといわれている。この Data Augmentation 手法は，後述する SSL 手法である MixMatch に導入されている。

ラベル：犬

ラベル：猫

ラベル：
0.7 犬，0.3 猫

図 3　mixup [7] の一例。Alpha Blending によって，2 枚のラベル付きデータから新しい画像とラベルのペアが生成される。

AutoAugment

今までの Data Augmentation では，画像変換の種類（回転・反転・色変換など）とその強度（変換用パラメータの値）は設計者が決定していたが，最適な変換の組み合わせと強度を手作業で見つけ出すことは困難であった。これに対して，AutoAugment [8] では，それらを学習中に自動的に最適化することができる。その結果，一般的な Data Augmentation と比べて，画像により強い変換[2]を施すことができるようになった。

AutoAugment [8] の後継研究に，CTAugment [9] と RandAugment [10] がある。CTAugment [9] は画像変換の種類を探索する代わりに，あらかじめ用意した変換候補からランダムに 2 つを選んだ後に，AutoAugment のようにその変換の強度を学習中に動的に調整する。それに対して，RandAugment [10] は画像変換の種類とその強度をすべてランダムにサンプリングする手法である。このような Data Augmentation の発展によって，画像に強い変換を施すことができるようになったため，Consistency Regularization を用いる効果が大きくなり，後述する FixMatch [5] という SSL 手法が登場してくることとなった。

3.2　MixMatch

MixMatch [4] は 2019 年に登場し，圧倒的な性能向上によって SSL 分野でホットな話題を提供した。MixMatch [4] はラベルなしデータに対して Data Augmentation を複数回適用し，モデルが返す複数個の予測の平均を計算した後に，以下の式で予測のエントロピーを下げる。

$$\tilde{z}_{ij} = z_{ij}^{\frac{1}{T}} \Big/ \sum_{k=1}^{L} z_{ik}^{\frac{1}{T}} \tag{3}$$

[2] ここでの「強い」は，組み合わせの種類が多いことと，強度が強いことを意味している。

ここで, z_{ij} はサンプル x_i に関するクラス j の自信度, L はクラス数, T は温度パラメータを表している。平均的な予測値を低エントロピー化する（sharpeningといわれる）ことで, 予測値がOne-hotに近づくことになり, この予測値をラベルなしデータに対する仮ラベルとして使用することができる。

次に, mixup [7] を用いて, ラベル付きデータ（画像とラベルのペア）とラベルなしデータ（画像と仮ラベルのペア）を混合したサンプルでモデルを学習させる。このように, MixMatch [4] は SSL における Consistency Regularization, エントロピー最小化, Data Augmentation と仮ラベルの各手法を統合することで, 少ないラベル付きデータでも高い認識性能を達成できるようになった。

3.3 FixMatch

3) その間に ReMixMatch [9] という手法が誕生したが, 主に MixMatch の仮ラベルの生成方法を改良したものであるため, ここでは説明を省く。

MixMatch [4] の後継者となったのは, FixMatch [5] という手法である[3]。MixMatch と比べて FixMatch のアルゴリズムはとてもシンプルで, mixup を使わずに, 弱い変換を行った画像（たとえば並進とフリップのみ）を用いて仮ラベルを生成し, 同じ画像に強い変換を行ったもの（RandAugment と CTAugment など）に対する予測が仮ラベルに一致するようにモデルを訓練する。その際に, 仮ラベルの自信度が低いものは学習から除外する。シンプルな手法でありながら, SSL ベンチマークで最先端の性能を達成している。

これまで紹介してきた手法のまとめを表 1 に示す。紹介した手法の重要な違いは Data Augmentation の種類, 仮ラベルの生成方法とその使用方法である。

表 1 各 SSL の手法で Consistency Regularization を行う際の Data Augmentation と仮ラベルの処理の比較

手法	仮ラベル計算の Data Augmentation	予測ラベルの Data Augmentation	仮ラベルの処理
Π-model [2]	弱い	弱い	なし
Mean-teacher [3]	弱い	弱い	パラメータの平均で計算
MixMatch [4]	弱い	弱い	複数枚で平均後低エントロピー化
FixMatch [5]	弱い	強い	自信度が高いもののみを使用

4 実世界での応用：オープンセット半教師あり学習

ここまで, いくつかの半教師あり学習手法を紹介してきた。ただし, これらの手法を実世界に応用するためには, 課題がまだ残っている。その1つは, 通常の SSL では, ラベルなしデータに含まれるデータのクラスがラベル付きデータのクラスと一致しているという, 現実的ではない条件が仮定されていることである。たとえば, ラベル付きデータが猫と犬という2つのクラスからなる場合, 半教師あり学習に用いるラベルなしデータも,（魚や鳥は含まず）猫と犬の

画像のみで構成されている必要がある。しかし，実世界で集めたデータがこの制約を満たすことは少ない。もしラベルなしデータに別のクラスが含まれていたら，ノイズデータに過適合し，目的のクラスの認識精度が逆に下がってしまう [11]。

このような問題を解決するために，オープンセット半教師あり学習（open-set semi-supervised learning; OSSL）が提案されている [12]。図 4 で示しているように，OSSL の目標は，ラベル付きデータに含まれるクラス以外の画像がラベルなしデータに含まれている場合に，そのようなノイズデータに影響されず，精度の高い半教師あり学習を実現することである。

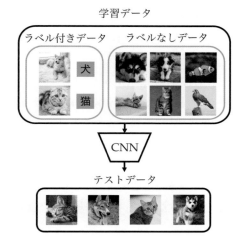

図 4　オープンセット半教師あり学習の問題設定。ラベルなしデータに未知なクラスが存在しても，認識精度を落とさないように学習する。

4.1　Multi-task Curriculum Framework

オープンセット半教師あり学習を解決するために，ラベルなしデータに含まれる未知のノイズデータを検出し，データセットから除外しながら半教師あり学習を行う Multi-Task Curriculum Framework（MTC）[12] が提案されている。半教師あり学習によって既知クラスの識別器と未知クラスの識別器を同時に訓練することで，両方の認識性能を向上させることができる。

未知のノイズデータを検出するために，MTC は学習前にすべてのラベル付きデータに未知ラベル 0 を，またすべてのラベルなしデータに未知ラベル 1 を割り当てる。ラベル付きデータはすべて既知クラスに属しているので，未知ラベル 0 は正しいラベルである。それに対して，ラベルなしデータには既知クラスに属するデータが一部にあるので，未知ラベル 1 というラベルは誤りが含まれることになり，ノイジーである。ここで，このようなノイジーなラベル

を修正（クリーニング）することができれば，未知データを検出できたことになる。

そのために採用される手法は，Joint Optimization [13] というアプローチである。ネットワークを訓練する際に，ネットワークはまずラベルが正しいデータを学習し，それから徐々に誤ったラベルを過学習する傾向があるので，訓練する際に，損失関数が大きいデータのラベルを損失関数を小さくするラベルに貼り替えれば，そのデータの正しいラベルを得ることができる。たとえば，猫の画像に犬のラベルがついているときに，ネットワークは猫の画像とラベルの正しいペアをすでに学習しているので，この誤ったペアに対しても猫と予測することが多い。このとき，ラベルは犬となっているので，予測とラベルの間の交差エントロピー損失が大きくなる。そこで，交差エントロピー損失を小さくするために，この画像のラベルを猫にすれば[4]，損失関数が小さくなり，正しいラベルを得ることになる。

[4] 実際は One-hot な Hard Label ではなく，予測した確率値を Soft Label として貼り替える。

以上の手法を利用し，MTC [12] は図 5 のようなフレームワークを提案している。このフレームワークは，既知クラスの分類と未知クラスの検出を同時に行う Multi-task Network で構成される。モデルを学習させる際に，学習エポックごとにラベルなしデータのノイジーな未知ラベルを未知検出ネットワークの出力値に置き換える。そうすることで，ラベルなしデータの中の未知スコアが小さいサンプルは既知データである可能性が高くなるため，これらのサンプルのみを用いて既知クラスを分類するための半教師あり学習（論文では MixMatch [4]

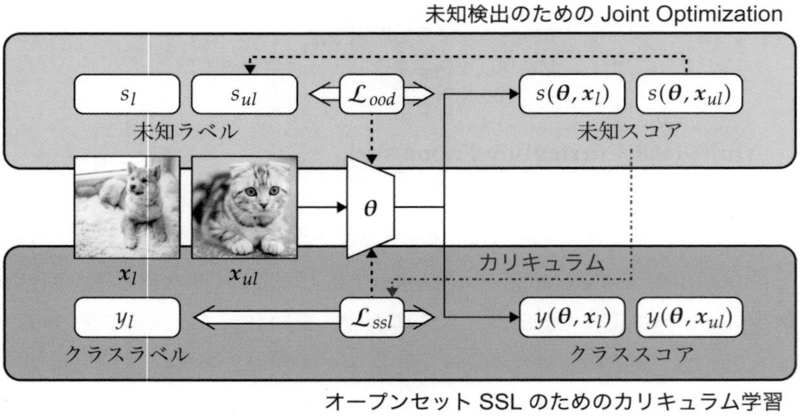

図 5　MTC のフレームワーク [12]。ラベルなしデータのノイジーな未知ラベルは，エポックごとに未知検出ネットワークの出力値に置き換えられる。ラベルなしデータの中の未知スコアが小さいサンプルのみが，半教師あり学習に用いられる。文献 [12] から引用し，翻訳した。

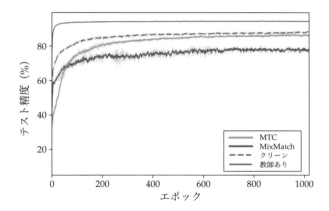

図6 オープンセット半教師あり学習における MTC の学習曲線。"クリーン"はラベルなしデータに未知データがない場合，"教師あり"は"クリーン"なラベルなしデータにすべてラベルを与えた場合である。

を使っている）を行う。これにより，未知データの影響を受けずに，半教師あり学習の精度を向上させることができる。

MTC [12] の学習曲線を図6に示す。このグラフは，CIFAR-10 [14] のうち，250 枚（クラス当たり 25 枚）をラベル付きデータ，約 45,000 枚をラベルなしデータとし，さらに 10,000 枚の LSUN [15] の画像を未知データとして加えて実験した結果である。MTC は MixMatch を上回り，ラベルなしデータに未知データがないクリーンな場合に近い精度を達成している。

4.2 最新の動向

オープンセット半教師あり学習というアプローチに対して，この 1 年で続々と新しい手法が提案されている。OpenMatch [16] は One-vs-All Classifiers を利用し，データが個々のクラスに属しているかどうかを二値分類する識別器を学習して，未知データを学習データから正しく除外することで，FixMatch [5] の OSSL における性能を向上させた。また，Trash to Treasure [17] は，未知データを学習データから除外するだけではなく，その未知データのセマンティック情報も自己教師あり学習（self-supervised learning）を使って学習することによって，既知クラスの分類精度をさらに高めた。今後は，オープンセット半教師あり学習を，画像分類だけではなく物体検出やセグメンテーションに応用する手法も期待される。

　FixMatch [5] の登場は一時的に話題になったが，そのあとは FlexMatch [18] などの改良手法が出ているものの，大きな進歩が見られなかった。その理由としては，SimCLR [19] や MoCo [20] などの自己教師あり学習手法が目覚ましい進歩を遂げたことが挙げられる。自己教師あり学習はラベルなしデータのみで特徴量を学習できるため，汎用性の点で劣る半教師あり学習への注目度は低下している。とはいえ，半教師あり学習はまだ重要なアプローチである。

　実世界で応用するためには，前述したオープンセット半教師あり学習を利用する以外に，データの分布により生じる問題に対処する必要がある。たとえば，Domain Adaptation [21] という手法は，半教師あり学習において，ラベル付きデータとラベルなしデータのドメインが違う（3D 疑似データとリアルなデータなど）設定を対象としている。このように，今後の半教師あり学習は，自己教師あり学習の手法を取り込みつつ，実課題への応用を拡大することで，さらに発展していくことが期待される。

参考文献

[1] Yves Grandvalet and Yoshua Bengio. Semi-supervised learning by entropy minimization. In *NeurIPS*, 2005.

[2] Samuli Laine and Timo Aila. Temporal ensembling for semi-supervised learning. In *ICLR*, 2017.

[3] Antti Tarvainen and Harri Valpola. Mean teachers are better role models: Weight-averaged consistency targets improve semi-supervised deep learning results. In *NeurIPS*, 2017.

[4] David Berthelot, Nicholas Carlini, Ian Goodfellow, Nicolas Papernot, Avital Oliver, and Colin Raffel. MixMatch: A holistic approach to semi-supervised learning. In *NeurIPS*, 2019.

[5] Kihyuk Sohn, David Berthelot, Chun-Liang Li, Zizhao Zhang, Nicholas Carlini, Ekin D. Cubuk, Alex Kurakin, Han Zhang, and Colin Raffel. FixMatch: Simplifying semi-supervised learning with consistency and confidence. In *NeurIPS*, 2020.

[6] Boris T. Polyak and Anatoli B. Juditsky. Acceleration of stochastic approximation by averaging. *SIAM Journal on Control and Optimization*, 1992.

[7] Hongyi Zhang, Moustapha Cisse, Yann N. Dauphin, and David Lopez-Paz. mixup: Beyond empirical risk minimization. In *ICLR*, 2018.

[8] Ekin D. Cubuk, Barret Zoph, Dandelion Mane, Vijay Vasudevan, and Quoc V. Le. AutoAugment: Learning augmentation policies from data. In *CVPR*, 2019.

[9] David Berthelot, Nicholas Carlini, Ekin D. Cubuk, Alex Kurakin, Kihyuk Sohn, Han Zhang, and Colin Raffel. ReMixMatch: Semi-supervised learning with distribution alignment and augmentation anchoring. In *ICLR*, 2020.

[10] Ekin D. Cubuk, Barret Zoph, Jonathon Shlens, and Quoc V. Le. Randaugment: Practical automated data augmentation with a reduced search space. In *CVPR*, 2020.

[11] Avital Oliver, Augustus Odena, Colin A. Raffel, Ekin D. Cubuk, and Ian Goodfellow. Realistic evaluation of deep semi-supervised learning algorithms. In *NeurIPS*, 2018.

[12] Qing Yu, Daiki Ikami, Go Irie, and Kiyoharu Aizawa. Multi-task curriculum framework for open-set semi-supervised learning. In *ECCV*, 2020.

[13] Daiki Tanaka, Daiki Ikami, Toshihiko Yamasaki, and Kiyoharu Aizawa. Joint optimization framework for learning with noisy labels. In *CVPR*, 2018.

[14] Alex Krizhevsky. Learning multiple layers of features from tiny images. *University of Toronto Technical Report*, 2009.

[15] Fisher Yu, Ari Seff, Yinda Zhang, Shuran Song, Thomas Funkhouser, and Jianxiong Xiao. Construction of a large-scale image dataset using deep learning with humans in the loop. *arXiv preprint arXiv: 1506.03365*, 2015.

[16] Kuniaki Saito, Donghyun Kim, and Kate Saenko. OpenMatch: Open-set consistency regularization for semi-supervised learning with outliers. In *NeurIPS*, 2021.

[17] Junkai Huang, Chaowei Fang, Weikai Chen, Zhenhua Chai, Xiaolin Wei, Pengxu Wei, Liang Lin, and Guanbin Li. Trash to treasure: Harvesting OOD data with cross-modal matching for open-set semi-supervised learning. In *ICCV*, 2021.

[18] Bowen Zhang, Yidong Wang, Wenxin Hou, Hao Wu, Jindong Wang, Manabu Okumura, and Takahiro Shinozaki. FlexMatch: Boosting semi-supervised learning with curriculum pseudo labeling. In *NeurIPS*, 2021.

[19] Ting Chen, Simon Kornblith, Mohammad Norouzi, and Geoffrey Hinton. A simple framework for contrastive learning of visual representations. In *ICML*, 2020.

[20] Kaiming He, Haoqi Fan, Yuxin Wu, Saining Xie, and Ross Girshick. Momentum contrast for unsupervised visual representation learning. In *CVPR*, 2020.

[21] Yaroslav Ganin and Victor Lempitsky. Unsupervised domain adaptation by backpropagation. In *ICML*, 2015.

ユーチン（東京大学）

フカヨミ noise robust GAN
劣化画像からクリーンな画像を生成！

■金子卓弘

1 はじめに

「百聞は一見に如かず」ということわざがあるように，画像による情報伝達は非常に効率的であり，人と人，人と機械のコミュニケーションにおいて欠かせないものである。しかし，画像は超高次元のデータであり，一から人手で作ることは簡単ではない。そこで，人に代わってコンピュータが画像を作れるようにすることを目的とした「画像生成」に関する研究が盛んに行われている。

画像生成を実現するためには，超高次元の画像を表すのに十分な高い表現能力をもつモデルが必要不可欠である。しかし，このようなモデルを実現することは簡単ではなく，長年の難題であった。ところが，近年，極めて高い表現能力をもつ深層学習を取り入れた生成モデル，すなわち深層生成モデルが提案されて，大きなブレークスルーが起きている。

たとえば，画像生成で最も基礎的なタスクの1つとして，画像集合が訓練データとして与えられたときに，それを模倣できるような画像生成器を学習するというタスクがあり，このタスクにおいて，近年目覚ましい発展が起きている。百聞は一見に如かずということで，代表的な深層生成モデルの1つである GAN（generative adversarial network; 敵対的生成ネットワーク）[1] を用いて生成した画像の例を図 1 (a) に示す。特筆すべき点は，これらの画像はすべてランダムにサンプリングされた潜在変数を入力として画像生成器が一から作り出した画像だということである。一から作り出したということは，これらはすべて世の中には存在しない非実在画像であることを意味する。このように，近年の深層生成モデルを用いれば，実在画像と見分けがつかないような精緻な画像を一から作り出すことが可能である。

しかし，ここで注意しなければならないことは，GAN をはじめとした深層生成モデルは，あくまでも訓練データを模倣する画像生成器を学習する手法だということである。そのため，クリーンな画像を生成するためには，クリーンな画像で構成された訓練データが必要不可欠である。逆にいえば，訓練データ

クリーンな画像で学習	劣化画像で学習	劣化画像で学習
↓	↓	↓
クリーンな画像を生成	劣化画像を生成	クリーンな画像を生成
(a) GAN	(b) GAN	(c) NR-GAN
(クリーンな画像で学習)	(劣化画像で学習)	

図 1　GAN と NR-GAN の画像生成例。(a) 近年の深層生成モデルの発展は著しく，GAN はクリーンな画像で学習すれば本物と見分けがつかないような画像を生成できる。(b) しかし，訓練データに劣化画像が含まれていると，GAN はそれを模倣し，劣化画像を生成するようになってしまう。(c) NR-GAN では，画像とノイズを別々に表現するモデルを用いることで，訓練データの画像が (b) のものと同じく劣化していても，(a) と同等のクリーンな画像を生成できる。

に劣化画像が含まれていた場合，深層生成モデルはそれを模倣し，劣化画像を生成するようになる。実際にノイズを含む画像で GAN を学習させたときに生成される画像の例を図 1 (b) に示す。

　一般的に，深層生成モデルを学習するためには大量の画像データが必要になるが，すべて自前で撮影してデータ収集するのは大変である。そこで，ウェブクローリングなどを用いてデータ収集の効率化を図ることがよくある。しかし，このような方法でデータを収集した場合，すべての画像の品質を担保することは難しく，劣化画像が含まれてしまうこともある。図 1 (b) に示した結果は，深層生成モデルが，このような現実的な設定で集められた画像データに対して脆弱であることを示しており，実用上の大きな障壁になりうることを示唆している。

　この問題を解決するために提案されたのが，本稿で扱う NR-GAN（noise robust GAN）[2] である。詳細は後述するが，NR-GAN では，画像生成器と同時にノイズ生成器を学習する。特に，ノイズ生成器については，ノイズだけを表現するように制約を課しながら学習することによって，画像生成器とノイズ生成器がそれぞれ画像成分とノイズ成分だけを表現できるようにする。このような枠組みを用いることで，図 1 (c) に示すように，図 1 (b) と同じく劣化画像を含む訓練データで学習した場合においても，図 1 (a) と同等のクリーンな画像を生成することが可能になる。

　次節以降では，まず 2 節で，NR-GAN の前提知識として GAN について簡単

に説明する。続いて，3節では，本稿のメイントピックである NR-GAN について解説する。その後，応用的な話題として，4節ではノイズ以外の画像劣化に頑健な GAN，5節では画像以外の劣化に頑健な GAN について紹介する。最後に6節では，本稿の結びとして，まとめと今後の展望について述べる。

2 GAN

GAN [1] は，Goodfellow らによって 2014 年に提案された代表的な深層生成モデルの1つである。図2に示すように，GAN は生成器 G_x と識別器 D_x の2つのニューラルネットワークで構成される。

生成器 G_x は，ガウシアン分布や一様分布などの比較的単純な分布 $p(z_x)$ からランダムにサンプリングされた潜在変数 $z_x \sim p(z_x)$ が入力として与えられたとき，画像 $x^g = G_x(z_x)$ を生成する[1]。

一方，識別器 D_x は実画像と生成画像の二値分類器であり，画像 x が入力として与えられたとき，x が実画像である確率 $p = D_x(x) \in [0, 1]$ を出力する。

生成器 G_x と識別器 D_x は，以下の目的関数 $\mathcal{L}_{\mathrm{GAN}}$ を用いて最適化される。

$$\mathcal{L}_{\mathrm{GAN}} = \mathbb{E}_{x^r \sim p^r(x)}[\log D_x(x^r)] + \mathbb{E}_{z_x \sim p(z_x)}[\log(1 - D_x(G_x(z_x)))] \tag{1}$$

上式は交差エントロピー損失を表しており，識別器 D_x は，右辺第1項を最大化することによって，訓練データからサンプリングされた実画像 $x^r \sim p^r(x)$ が入力として与えられたとき，実画像である確率 $D_x(x^r)$ が高くなるようにし，さらに，右辺第2項を最大化することによって，生成器 G_x によって生成された画像 $x^g = G_x(z_x)$ が入力として与えられたとき，実画像でない確率 $1 - D_x(x^g)$ が高くなるようにする。このように最適化を行うことで，確率 $p = D_x(x)$ を，x が実画像の場合は高い値をとり，x が生成画像の場合は低い値をとるようにす

[1] 本稿では明確化のため，生成画像にかかわるデータについては上付き文字 "g" を用い，実画像にかかわるデータについては上付き文字 "r" を用いる。

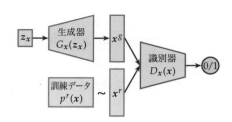

図2　GAN の構成図。GAN は生成器 G_x と識別器 D_x の2つのニューラルネットワークで構成される。生成器 G_x はなるべく識別器 D_x をだませる画像を生成することを目指し，一方で，識別器 D_x はなるべく生成器 G_x にだまされないことを目指す。このように互いに競合する条件下で最適化を行うことで，互いに強化し合うことができ，最終的に生成器 G_x は本物の画像と見分けがつかないような画像を生成できるようになる。

る。こうして，識別器 D_x は，実画像 x^r と生成画像 x^g を識別できるようになることを目指す。

一方，生成器 G_x は $\mathcal{L}_{\mathrm{GAN}}$ の右辺第 2 項を，識別器 D_x と逆方向，つまり最小化することによって，生成画像 $x^g = G_x(z_x)$ が実画像でない確率 $1 - D_x(x^g)$ が低くなるように，言い換えると，生成画像 x^g が実画像である確率が高くなるようにする。このように最適化を行うことで，生成器 G_x は，識別器 D_x が実画像と見分けられない画像を生成できるようになることを目指す。

このように，生成器 G_x と識別器 D_x は，$\mathcal{L}_{\mathrm{GAN}}$ に対して一方は最小化を目指し，他方は最大化を目指すという互いに競合する条件下で最適化される。これにより，互いに強化し合うことができ，最終的には，生成器 G_x は識別器 D_x が本物と見分けられない画像を作り出せるようになる。

なお，GAN の理論的な解析 [1] では，十分にデータがある条件下で，十分に表現能力のあるモデルを最適化することができれば，生成画像の分布 $p^g(x)$ は実画像の分布 $p^r(x)$ に近づくことが示されている。証明に関する具体的な導出については，論文 [1] を参照されたい。

3　ノイズに頑健な GAN

3.1　問題設定

前節で述べたように，通常の GAN では，訓練データに含まれる画像 $x^r \sim p^r(x)$ と見分けがつかない画像を生成できるように生成器 $x^g = G_x(z_x)$ が学習される。そのため，クリーンな画像を x，劣化画像を y と表すとすると，訓練データが劣化画像 $y^r \sim p^r(y)$ で構成される場合，通常の GAN では劣化画像を生成する生成器 $y^g = G_y(z_y)$ が学習される。これに対して，本節で扱う GAN が目的とするところは，訓練データが劣化画像 $y^r \sim p^r(y)$ で構成されていたとしても，クリーンな画像を生成できる生成器 $x^g = G_x(z_x)$ を学習することである。

画像の劣化にもさまざまなものがあり，代表的なものとしては，手ブレやピントがズレることによって生じるボケ，電子回路での読み込みや光子のゆらぎに起因して生じるノイズ，画像保存時に圧縮することで生じる圧縮アーティファクトがある。本節では，これらのうち最も代表的な画像劣化の 1 つであるノイズを扱う。ボケや圧縮アーティファクトによる画像劣化に頑健な GAN については，4 節で説明する。

画像劣化がノイズ n によるものである場合，ノイズは加法的な性質をもつため，クリーンな画像 x と劣化画像 y の間には以下の式が成り立つ[2]。

$$y = x + n \tag{2}$$

2) ノイズには，画像 x に依存しないノイズ $n \sim p(n)$ と依存するノイズ $n \sim p(n|x)$ があるが，これらはノイズ n が画像 x に依存してサンプリングされるかどうかの違いであり，いずれの場合でも式 (2) は成り立つ。

上述のように，通常の GAN の枠組みで，観測可能な劣化画像 y を模倣するように生成器を学習させることができるため，ノイズ n を適切にモデル化することができれば，引き算でクリーンな画像 x も表現することが可能になる。

このことを踏まえて，まず考えられたのが n の分布を既知と仮定し，上記の問題を解く AmbientGAN [3] である。しかし，ウェブクローリングなどで集められた実際のデータでは，n の分布を事前に知ることが難しい場合も多い。このような場合に対処するために提案されたのが，本稿のメイントピックである NR-GAN [2] である。以降では，まず，3.2 項で AmbientGAN について説明し，3.3 項で NR-GAN について説明する。

3.2　ノイズが既知の場合

ノイズの分布が既知の場合，真のノイズ分布 $p^r(n)$ からノイズ $n^r \sim p^r(n)$ をランダムにサンプリングすることができる。2018 年に Bora らによって提案された AmbientGAN [3] では，図 3 に示すように，このようにして得られたノイズ $n^r \sim p^r(n)$ を生成器 $x^g = G_x(z_x)$ に足し込むことで，式 (2) に示したノイズ劣化の過程 $y^g = x^g + n^r$ を表現する。一方，識別器 $D_y(y)$ は，図 3 に示すように，上記の方法によって得られた劣化生成画像 y^g と訓練データからサンプリングされた劣化実画像 $y^r \sim p^r(y)$ の識別を行う。

画像生成器 G_x と識別器 D_y は，以下の目的関数 $\mathcal{L}_{\text{AmbientGAN}}$ を用いて最適化される。

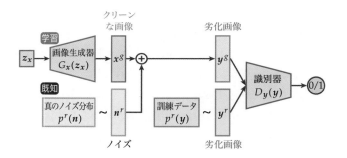

図 3　AmbientGAN の構成図。生成器側では，生成画像 $x^g = G_x(z_x)$ に，既知の分布からサンプリングしたノイズ $n^r \sim p^r(n)$ を足し込むことで，画像の劣化プロセス $y^g = x^g + n^r$ を表現する。一方，識別器 D_y は劣化生成画像 y^g と，訓練データからサンプリングされた劣化実画像 $y^r \sim p^r(y)$ の識別を行う。このように構成された生成器と識別器を GAN の枠組みで最適化することで，劣化生成画像 y^g を，劣化実画像 y^r と見分けがつかない画像にすることができる。この最適化に伴い，劣化の前段階である生成画像 $x^g = G_x(z_x)$ も，クリーンな実画像 $x^r \sim p^r(x)$ と見分けがつかない画像にすることができる。

$$\mathcal{L}_{\text{AmbientGAN}} = \mathbb{E}_{y^r \sim p^r(y)}[\log D_y(y^r)]$$
$$+ \mathbb{E}_{z_x \sim p(z_x), n^r \sim p^r(n)}[\log(1 - D_y(G_x(z_x) + n^r))] \qquad (3)$$

通常の GAN と同様に，学習が進むと，劣化生成画像 $y^g = G_x(z_x) + n^r$ は劣化実画像 y^r と見分けがつかない画像になっていく。また，ノイズを加える前段階の $x^g = G_x(z_x)$ は，どんなノイズ $n^r \sim p^r(n)$ を加えてもその結果が劣化画像として妥当なものになる必要があり，この条件を満たすものはクリーンな画像である。

このようにして，AmbientGAN では，学習時に劣化画像 $y^r \sim p^r(y)$ しか観測できない条件下であっても，クリーンな画像を生成可能な画像生成器 $x^g = G_x(z_x)$ を学習することが可能である。AmbientGAN のコードはウェブ上[3]で公開されているので，技術的な詳細はそちらを参照されたい。

3) https://github.com/AshishBora/ambient-gan

3.3　ノイズが未知の場合

AmbientGAN ではノイズの分布が既知であることを仮定していた。しかし，ウェブクローリングなどの実際の設定でデータを収集した場合，ノイズの分布をあらかじめ知ることは通常難しい。このような場合に対処するために 2020 年に Kaneko と Harada によって提案されたのが NR-GAN [2] である。

図 4 に示すように，NR-GAN では，未知のノイズを表現するために，ノイズ生成器 G_n を導入する。特に，訓練データにはさまざまな量・タイプのノイズが含まれうることを考慮し，ノイズを決定的にモデル化するのではなく，画像生成器と同様にランダムにサンプリングされた潜在変数 $z_n \sim p(z_n)$ からノイ

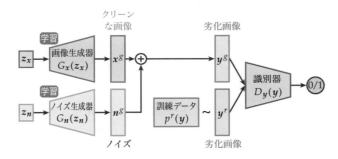

図 4　NR-GAN の構成図。AmbientGAN では，ノイズ n^r は既知の分布 $p^r(n)$ からサンプリングされていた。これに対して，NR-GAN ではノイズ自体も訓練データをもとに学習するため，ノイズ n^g はニューラルネットワークでパラメタライズされたノイズ生成器 $n^g = G_n(z_n)$ によって表現される。画像生成器 G_x とノイズ生成器 G_n は，GAN の枠組みの中で同時に最適化される。

ズを生成する構成，すなわち $n^g = G_n(z_n)$ を用いることで，ノイズのバリエーションを表現する。ここで，ノイズ生成器 G_n は画像生成器 G_x と同様にニューラルネットワークでパラメタライズされているため，学習により最適化が可能である。

AmbientGAN と同様に，生成画像 $x^g = G_x(z_x)$ に生成ノイズ $n^g = G_n(z_n)$ を足し込むことで，式 (2) に示したノイズ劣化の過程 $y^g = x^g + n^g$ を表現する。また，識別器 $D_y(y)$ も，AmbientGAN と同様に，上記の方法によって得られた劣化生成画像 y^g と訓練データからサンプリングされた劣化実画像 $y^r \sim p^r(y)$ の識別を行う。

画像生成器 G_x，ノイズ生成器 G_n，識別器 D_y は，以下の目的関数 $\mathcal{L}_{\text{NR-GAN}}$ を用いて最適化される。

$$\mathcal{L}_{\text{NR-GAN}} = \mathbb{E}_{y^r \sim p^r(y)}[\log D_y(y^r)]$$
$$+ \mathbb{E}_{z_x \sim p(z_x), z_n \sim p(z_n)}[\log(1 - D_y(G_x(z_x) + G_n(z_n)))] \tag{4}$$

AmbientGAN と同様に，GAN の枠組みで最適化を行うことで，劣化生成画像 $y^g = G_x(z_x) + G_n(z_n)$ を，劣化実画像 y^r と見分けがつかない画像にすることができる。しかし，AmbientGAN と違って問題になるのが，AmbientGAN ではノイズ $n^r \sim p^r(n)$ が既知のため，劣化画像 y^g からノイズ n^r を差し引くことでクリーンな画像 x^g を得ることができたのに対し，NR-GAN では，ノイズ $n^g = G_n(z_n)$ もクリーンな画像 $x^g = G_x(z_x)$ もパラメタライズされていて不確定であるため，劣化画像のうちどの要素をノイズとして表し，どの要素を画像として表すかが自明ではないことである。つまり，極端な例でいうと，何も制約がない場合，画像生成器 G_x がノイズを表し，ノイズ生成器 G_n が画像を表すということもありうる。この問題に対処するため，NR-GAN の論文 [2] では，分布制約または変形制約をノイズ生成器 G_n に課すことが提案されている。

分布制約

一般的に画像分布は複雑な形状をもつのに対し，ノイズは電子回路での読み込みや光子のゆらぎなどの物理現象に起因して生じるものであるため，ノイズ分布はガウシアン分布やポアソン分布などの比較的単純な分布形状をもつ。この事実に基づき，ノイズ生成器に対して，特定の分布形状をもつように制約を課すことを考える。

具体例として，ノイズがガウシアン分布に従う場合を考える。なお，ここでは，ノイズがガウシアン分布に従うことは仮定するが，ノイズの量，つまりガウシアン分布の標準偏差 σ については，あらかじめ定める必要がないことに留意

されたい。この点が，ノイズの分布形状に加えて，標準偏差などの他の詳細な
パラメータについても既知であることが必要であった AmbientGAN と異なる。

　この場合，図 5 (a) に示すように，ガウシアン分布の標準偏差 σ は，ノイズ
生成器 $\sigma = G_n(z_n)$ によってモデル化される。そして，以下の式 (5) で表される
再パラメータ化トリック（reparameterization trick）[4] を用いることで，平均
0，標準偏差 σ のノイズ $n^g \sim \mathcal{N}(0, \mathrm{diag}(\sigma)^2)$ を生成する。

$$n^g = \sigma \cdot \epsilon \quad (\epsilon \sim \mathcal{N}(0, I)) \tag{5}$$

ここで，再パラメータ化トリックとは，代表的な深層生成モデルの 1 つである
VAE（variational auto-encoder; 変分自己符号化器）[4] などでよく用いられる
テクニックであり，上式のように，確率変数 $n^g \sim \mathcal{N}(0, \mathrm{diag}(\sigma)^2)$ を標準偏差 σ
と乱数 $\epsilon \sim \mathcal{N}(0, I)$ の積として表すことで，n^g を σ に対して確定的に表現する
ことを可能にし，n^g と σ の間で，ニューラルネットワークの学習に不可欠な逆
伝播ができるようにする。

　このようにしてノイズ生成器に分布制約を課すことで，劣化画像があったと
き，特定の分布に従う成分，つまりノイズ成分のみをノイズ生成器に表現させ
ることができる。それと同時に，劣化画像 y^g からノイズ成分 n^g を差し引いた
ものを表す画像生成器 $x^g = G_x(z_x)$ については，クリーンな画像を表現させる
ことが可能である。

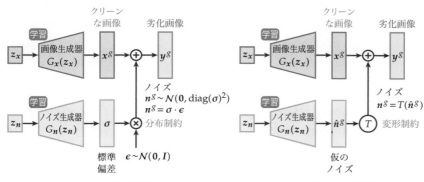

(a) NR-GAN（分布制約）　　　　　　(b) NR-GAN（変形制約）

図 5　分布制約と変形制約の処理の流れ。(a) 分布制約では，再パラメータ化ト
リックを用いてノイズの分布が特定の分布（ここではガウシアン分布）に従うよ
うに制約を課す。ノイズの量を表す標準偏差 σ はノイズ生成器 $G_n(z_n)$ によっ
てモデル化されており，データドリブンに決定される。(b) 変形制約では，画像
では許容されないがノイズでは許容される変形を施すことによって，画像成分
とノイズ成分を分離する。分布制約と異なる変形制約の特徴は，ノイズの量だ
けではなく，ノイズの分布形状も事前に知る必要がない点である。

変形制約

　上述した分布制約では，ノイズの分布形状が既知であることを仮定したが，分布形状すら未知の場合もある。このような場合に対処するために，分布制約の代わりに変形制約を課すことを考える。

　図 5 (b) に変形制約の処理の流れを示す。変形制約では，自然画像では許容されないがノイズでは許容される変形をノイズに施すことによって，ノイズ成分と画像成分を分離する。具体的には，ノイズ生成器 G_n によって，仮のノイズ $\hat{n}^g = G_n(z_n)$ を生成した後に，以下の式 (6) により変形 T を施すことでノイズ n^g を生成する。

$$n^g = T(\hat{n}^g) \tag{6}$$

変形 T としては，(1) 画像の回転，(2) 色の反転，(3) RGB チャンネルのシャッフルの 3 パターンが提案されている。ここで重要なことは，想定されるノイズにこれらの変形を施したとしても，ノイズとして成り立つことである。そのため，ノイズの種類によって，適用可能なものと適用不可なものがある。たとえば，ノイズが画像非依存のガウシアンノイズである場合はいずれの変形も適用可能であるが，ノイズが画像依存のポアソン分布の場合は，色の反転のみが適用可能である。なお，自然画像は，いずれの変形を行った場合でも不自然な画像になってしまうため，適用不可であることに留意されたい。

　分布制約と同様に，変形制約により，自然画像としては不自然な成分，つまりノイズ成分のみをノイズ生成器 G_n に表現させることができる。それと同時に，残りの成分を表す画像生成器 G_x については，クリーンな画像を表現させることが可能である。

3.4　画像生成例

　GAN，NR-GAN（分布制約），NR-GAN（変形制約）の差異を明確化するため，実際の画像に適用した例を図 6 に示す。ここでは，データセットとしては LSUN データセット [5] を用いており，訓練データが加法性ガウシアンノイズ（ノイズの標準偏差 $\sigma \in [5, 50]$）を含む場合の結果を A 列，訓練データがブラウンガウシアンノイズ（標準偏差 $\sigma = 25$ のガウシアンノイズにカーネルサイズ 31×31 のガウシアンフィルタを適用）を含む場合の結果を B 列に示している。NR-GAN の分布制約には，ノイズの分布形状にガウシアン分布を仮定したものを用いている。

　図 6 (a) に示すように，通常の GAN はノイズを考慮しないため，訓練データが劣化画像を含む場合，画像生成器はそれをそのまま模倣して劣化画像を生成してしまう。一方，NR-GAN（分布制約）では，図 6 (b)-(A) に示すように，ノ

(A) 加法性ガウシアンノイズ　　(B) ブラウンガウシアンノイズ

(a) GAN

(b) NR-GAN
（分布制約）

(c) NR-GAN
（変形制約）

図 6　GAN，NR-GAN（分布制約），NR-GAN（変形制約）の画像生成例。A 列は，訓練データが標準偏差 $\sigma \in [5, 50]$ の加法性ガウシアンノイズを含む場合，B 列は，訓練データが標準偏差 $\sigma = 25$ のガウシアンノイズにカーネルサイズ 31×31 のガウシアンフィルタを適用したブラウンガウシアンノイズを含む場合である。NR-GAN の分布制約には，ノイズの分布形状にガウシアン分布を仮定したものを用いている。(a) GAN はいずれのノイズに対しても脆弱である。(b) NR-GAN（分布制約）は，ノイズの分布形状の仮定が適切な (A) の場合はノイズに頑健だが，仮定が不適切な (B) の場合はノイズに脆弱である。(c) NR-GAN（変形制約）は，分布に制約を課さず，変形制約のみでノイズと画像を分離するため，ノイズの種類によらずクリーンな画像を生成できている。

イズ生成器に適切な分布制約を課すことができれば，ノイズと画像の分離が可能で，クリーンな画像を生成できる。しかし，図 6 (b)-(B) に示すように，実際のノイズの分布と分布制約で仮定したノイズの分布にギャップがある場合，うまくノイズと画像を分離できず，GAN と同等の結果になってしまう。これに対して，NR-GAN（変形制約）は，分布に制約を課さず，変形制約のみでノイズと画像を分離するため，図 6 (c)-(A), (c)-(B) に示すように，ノイズの種類によらずクリーンな画像を生成できている。

　本稿では，わかりやすさのために，画像に非依存のノイズ $n^r \sim p^r(n)$ に焦点を当てて説明してきたが，図 4 において，ノイズ生成器が画像にも依存するように構成を変更することで，画像依存のノイズ $n^r \sim p^r(n|x)$ にも対応可能である。NR-GAN の論文 [2] に記載された実験では，この構成変更を行うことで，乗法性ガウシアンノイズやポアソンノイズなどの画像依存のノイズにも NR-GAN を適用できることが示されている。手法や実験結果の詳細については，NR-GAN の論文 [2] を参照されたい。

　また，NR-GAN のプロジェクトページ[4] およびコード[5] はウェブ上で公開されている。技術的な詳細についてはそちらを参照されたい。

[4] https://takuhirok.github.io/NR-GAN/

[5] https://github.com/takuhirok/NR-GAN

4 ノイズ以外の画像劣化への適用

NR-GAN は，式 (2) に示すような加法性の画像劣化に対応可能な GAN である。しかし，3.1 項で述べたように，代表的な画像劣化として，ほかにもボケや圧縮アーティファクトがある。このような非加法性の画像劣化，およびボケ，ノイズ，圧縮アーティファクトなどの複数種類の画像劣化の組み合わせに対処するために Kaneko と Harada によって 2021 年に提案されたのが BNCR-GAN (blur, noise, and compression robust GAN) [6] である。BNCR-GAN は，ノイズ生成器 $n^g = G_n(z_n)$ に加えて，ブラーカーネル生成器 $k^g = G_k(z_k)$ と圧縮のクオリティファクタ生成器 $q = G_q(z_q)$ を導入し，以下の式 (7) によって，ボケ，ノイズ，圧縮による画像劣化過程を表現する。

$$y^g = \psi^g(G_x(z_x) * G_k(z_k) + G_n(z_n), G_q(z_q)) \tag{7}$$

ここで，$\psi^g(x, q)$ は，画像 x に対してクオリティファクタ q の JPEG 圧縮を行うことを表し，$*$ は畳み込みの処理を表す。なお，ボケ，ノイズ，圧縮の順番については，実際にカメラで画像を撮影して保存するときの処理の流れを考慮して，この順番で適用していることに留意されたい。

NR-GAN と同様に，ボケ，ノイズ，圧縮の度合いは，パラメタライズされた G_k, G_n, G_q によって表現されているため，それらは事前に定めておかなくてもデータドリブンに決定することが可能である。BNCR-GAN では，さらに，ボケや圧縮の強度を明示的に表現しながら適応的に学習するためにマスク構造 (masking architecture) を導入し，さらに，複数種類の劣化が組み合わさることによって生じる曖昧性に対処するために適応的一貫性損失 (adaptive consistency loss) を取り入れている。実験では，これらが性能向上に有効であることが示されている。BNCR-GAN のプロジェクトページ[6] はウェブ上で公開されているので，詳細についてはそちらを参照されたい。

6) https://takuhirok.github.
io/BNCR-GAN/

5 画像以外の劣化への適用

NR-GAN および BNCR-GAN は，画像領域で発生した劣化を扱うことができるが，実データにおいては，このようなノイズは画像以外の領域でも発生しうる。たとえば，GAN の代表的な拡張として条件付き設定に拡張した cGAN (conditional GAN) [7] がある。cGAN は，画像 x とクラス情報などを表すラベル l で構成される訓練データ $(x^r, l^r) \sim p^r(x, l)$ を用いて，条件付き生成器 $G(z, l)$ および条件付き識別器 $D(x, l)$ を GAN の枠組みで最適化することで，画像とラベルの同時分布 $p^r(x, l)$ を学習する。これにより，生成器 $G(z, l)$ はラベル l に基づいて生成対象を切り替えながら画像を生成できるようになる。

ここで問題になるのは，データを現実の設定で収集した場合，ラベル情報が必ずしも正しいとは限らず，ノイズを含みうるということである。このような問題に対処するため，条件付きの GAN にラベルノイズの生成過程を組み込んだ rGAN（label-noise robust GAN）[8] や，クラス分類の曖昧性を考慮した CP-GAN（classifier's posterior GAN）[9] などが提案されている。rGAN と CP-GAN については，ともにプロジェクトページ[7][8] およびコード[9][10] がウェブ上で公開されているので，詳細についてはそちらを参照されたい。

6　おわりに

　近年，深層学習はすさまじいスピードで発展しており，特に，画像生成の分野では本物と見分けがつかない精緻な画像が生成できるようになりつつある。しかし，本稿で扱った画像劣化のように，観測される実データと生成器で生成したいデータの間にギャップがある場合，意図どおりの画像生成ができなくなってしまうことがある。このようなときに重要なことは，NR-GAN におけるノイズ生成器と分布・変形制約のように，ギャップを埋める機構を適切に設計し，モデルに組み込むことである。

　このアイデアは，本稿で扱った劣化画像からクリーンな画像を生成するというタスクだけに限定されない汎用性をもつ。たとえば，2 次元画像から 3 次元情報を学習するというタスクが，近年コンピュータビジョン分野で注目を集めており，このタスクに対しては，3 次元空間を 2 次元平面に投影する機構を組み込んだり（HoloGAN [10][11]），あるいは，3 次元的な光線空間を統合して 2 次元画像を作り出す機構を取り込んだり（AR-GAN（aperture rendering GAN）[11][12]）することで，2 次元画像と 3 次元情報のギャップが解消されている。

　また，本稿では GAN を対象に，画像劣化に頑健な深層生成モデルの構築方法について解説してきたが，同様の問題は，VAE [4]，flow-based generative model（フローベースの生成モデル）[12]，DPM（diffusion probabilistic model; 拡散確率モデル）[13] などの他の深層生成モデルでも起こりうる。本稿で紹介した技術は，それらの改良・改善にも寄与することが期待される。

参考文献

[1] Ian J. Goodfellow, Jean Pouget-Abadie, Mehdi Mirza, Bing Xu, David Warde-Farley, Sherjil Ozair, Aaron Courville, and Yoshua Bengio. Generative adversarial nets. In *NIPS*, 2014.

[2] Takuhiro Kaneko and Tatsuya Harada. Noise robust generative adversarial networks. In *CVPR*, 2020.

7) rGAN：https://takuhirok.github.io/rGAN/
8) CP-GAN：https://takuhirok.github.io/CP-GAN/
9) rGAN：https://github.com/takuhirok/rGAN
10) CP-GAN：https://github.com/takuhirok/CP-GAN

11) HoloGAN のプロジェクトページ：https://www.monkeyoverflow.com/hologan-unsupervised-learning-of-3d-representations-from-natural-images
12) AR-GAN のプロジェクトページ：https://www.kecl.ntt.co.jp/people/kaneko.takuhiro/projects/ar-gan/

[3] Ashish Bora, Eric Price, and Alexandros G. Dimakis. AmbientGAN: Generative models from lossy measurements. In *ICLR*, 2018.

[4] Diederik P. Kingma and Max Welling. Auto-encoding variational Bayes. In *ICLR*, 2014.

[5] Fisher Yu, Ari Seff, Yinda Zhang, Shuran Song, Thomas Funkhouser, and Jianxiong Xiao. LSUN: Construction of a large-scale image dataset using deep learning with humans in the loop. *arXiv preprint arXiv:1506.03365*, 2015.

[6] Takuhiro Kaneko and Tatsuya Harada. Blur, noise, and compression robust generative adversarial networks. In *CVPR*, 2021.

[7] Mehdi Mirza and Simon Osindero. Conditional generative adversarial nets. *arXiv preprint arXiv:1411.1784*, 2014.

[8] Takuhiro Kaneko, Yoshitaka Ushiku, and Tatsuya Harada. Label-noise robust generative adversarial networks. In *CVPR*, 2019.

[9] Takuhiro Kaneko, Yoshitaka Ushiku, and Tatsuya Harada. Class-distinct and class-mutual image generation with GANs. In *BMVC*, 2019.

[10] Thu Nguyen-Phuoc, Chuan Li, Lucas Theis, Christian Richardt, and Yong-Liang Yang. HoloGAN: Unsupervised learning of 3D representations from natural images. In *ICCV*, 2019.

[11] Takuhiro Kaneko. Unsupervised learning of depth and depth-of-field effect from natural images with aperture rendering generative adversarial networks. In *CVPR*, 2021.

[12] Laurent Dinh, Jascha Sohl-Dickstein, and Samy Bengio. Density estimation using real NVP. In *ICLR*, 2017.

[13] Jascha Sohl-Dickstein, Eric Weiss, Niru Maheswaranathan, and Surya Ganguli. Deep unsupervised learning using nonequilibrium thermodynamics. In *ICML*, 2015.

かねこ たくひろ（日本電信電話株式会社）

フカヨミ DINO
自己教師あり学習の最前線モデルに迫る！

■箕浦大晃　■岡本直樹

　2012 年の一般物体画像認識コンテストで深層学習モデルの畳み込みニューラルネットワーク（convolutional neural network; CNN）が圧倒的な成績を収めて以来，多くの画像認識のタスクで CNN が利用されてきました。その後，2021 年に Google Brain が発表した Vision Transformer（ViT）は，この CNN の性能を凌駕する新たなデファクトスタンダードモデルとして注目されています。

　ViT は入力画像を固定パッチに分解し，Self-Attention 機構でパッチ間の対応関係を取得します。Self-Attention 機構により，CNN と異なり，浅い層でも広範囲の受容野で特徴を捉えることができます。ViT は多くの画像認識のタスクで高い精度を達成した一方で，高い精度を得るためには膨大な学習データと正解ラベルが必要であるという欠点があります。この問題を解決するために，CNN でも ViT でも適用可能な，正解ラベルを必要としない自己教師あり学習手法の DINO が提案されました。本稿では，ViT と Attention map の可視化方法を概説し，自己教師あり学習手法の DINO についてフカヨミします。

1　新たなモデル登場！　── Vision Transformer ──

　2021 年に発表された Vision Transformer（ViT）[1] は，CNN に代わる画像認識における新たなデファクトスタンダードモデルとして注目されています。ViT は自然言語処理分野で提案された Transformer [2] を画像に適用したモデルです。

　ViT は図 1 に示すネットワーク構造です。ViT では，入力画像を固定パッチに分解してパッチ特徴量を取得します。このパッチ特徴量にはパッチの位置情報が含まれていないため，位置情報を付与するために位置エンコードをパッチ特徴量に加算します。この位置エンコードは学習可能なパラメータです。最終的に ViT は，図 2 に示すように各パッチの位置情報を学習します。

　位置情報を付与したパッチ特徴量と，物体クラスを識別するためのクラストークン（パッチ特徴量と同じ次元の学習可能なベクトル）を Transformer Encoder へ入力します。Transformer Encoder の内部には，パッチ間の対応関係を取得

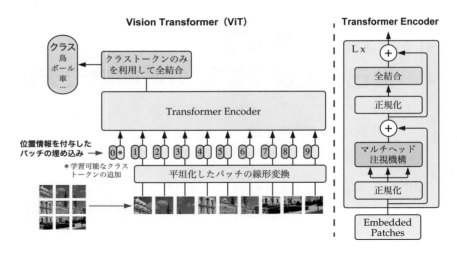

Vision Transformer（ViT）

クラス
鳥
ボール
車
…

クラストークンのみ
を利用して全結合

Transformer Encoder

位置情報を付与した
パッチの埋め込み

＊学習可能なクラス
トークンの追加

0 ＊　1　2　3　4　5　6　7　8　9

平坦化したパッチの線形変換

Transformer Encoder

L x

全結合

正規化

マルチヘッド
注視機構

正規化

Embedded
Patches

図 1　Vision Transformer の概略図。文献 [1] より引用し翻訳。

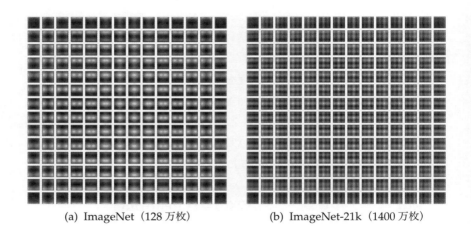

(a) ImageNet（128 万枚）　　　　(b) ImageNet-21k（1400 万枚）

図 2　位置エンコードの可視化。左が ImageNet（128 万枚），右が ImageNet-21k
（1400 万枚）で学習した位置エンコードの可視化結果です。ある行・列のパッ
チの位置エンコードと，他のすべてのパッチの位置エンコード間のコサイン類
似度で可視化しています。データ数が少ないと大まかな位置情報を，データ数
が多いと細かな位置情報を捉えていることから，学習された位置エンコードの
パターンがデータセットごとに異なることがわかります。

する Self-Attention と呼ばれる機構があります。この Self-Attention 機構によ
り，畳み込み処理による CNN と比べて広範囲な領域を浅い層から捉えること
ができます。図 3 は ViT が捉える領域（Attention 距離[1]）について調査した結
果です。この Attention 距離は，パッチ間の対応関係を表した，注意重みと呼
ばれる重みを用いて算出されます。あるパッチから遠いパッチの重みが大きい
場合は Attention 距離は大きくなり，反対に近いパッチどうしの重みが大きい

[1] Attention 距離は CNN の受
容野を表現しています。

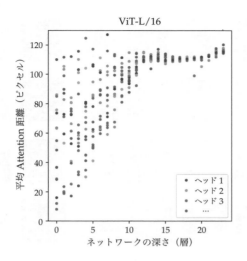

図3 Attention 距離の結果。横軸がネットワークの深さ，縦軸が Attention 距離を表しています。文献 [1] より引用し翻訳。

場合は Attention 距離は小さくなります。図3より，ViT は浅い層でも CNN のような局所領域に留まらず，広い領域を同時に捉えていることがわかります。これが ViT の最大の利点といえます。

最後に，Transformer Encoder の出力としてクラストークンと各パッチ特徴量が得られます。ただし，ViT ではクラストークンの出力のみを利用してクラス分類を行います。

1.1 Vision Transformer における判断根拠の可視化

前述したように，ViT にはパッチ間の対応関係を獲得する，Self-Attention と呼ばれる機構があるため，ViT が画像のどこに注目してクラス識別したか，つまり判断根拠を Attention map として示すことができます。Attention map の可視化例を図4に示します。図4から，犬や鳥など認識対象クラスの物体領域を注視していることがわかります。

では，どのように Attention map を可視化しているのでしょうか。それには，Self-Attention 内のクエリとキーのベクトルの内積計算で得られる注意重みを利用します。この内積計算はそれぞれのベクトル全体で計算し，Softmax 関数を通すため，注意重みが1つ（または少数）のみのピークをもつことになり，小さな関係性が潰れてしまいます。そうなると，ネットワーク全体の表現力が落ちてしまう可能性があります。一方，注意重みのピークが複数あるとネットワークの表現力の向上に繋がる可能性があることから，ViT は複数の Self-Attention（Multi-Head Attention）で注意重みを求めます。

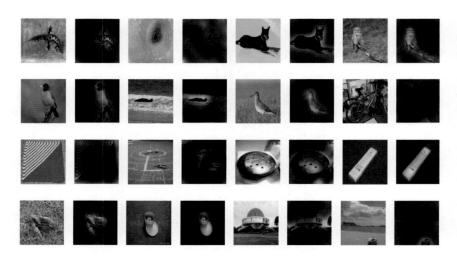

図 4 Attention map の可視化例。奇数列が入力画像，偶数列が可視化結果です。文献 [1] より引用および改変。

Multi-Head Attention により，1 つのネットワークだけでアンサンブル効果を期待することができます。$\{\mathbf{x}_n\}_{n=1}^{N+1}$ をクラストークンを含む各パッチ特徴量として，クエリとキーを以下のように求めます。

$$
\begin{aligned}
Q_h &= \phi_q(\{\mathbf{x}_n\}_{n=1}^{N+1}) \in \mathbb{R}^{(N+1)\times d} \\
K_h &= \phi_k(\{\mathbf{x}_n\}_{n=1}^{N+1}) \in \mathbb{R}^{(N+1)\times d}
\end{aligned}
\tag{1}
$$

ここで，N はパッチ数，d はクエリの次元数，h はヘッドのインデックス，$\phi_{.}(\cdot)$ は全結合層です。また，クエリとキーのベクトルをひとまとまりの行列として，それぞれ Q, K と表しています。クエリとキー間の内積をクエリの次元数で正規化した値を Softmax 関数に通すことで，あるヘッドの注意重み $A_h \in \mathbb{R}^{(N+1)\times(N+1)}$ を算出します。

$$
A_h = \mathrm{Softmax}\left(\frac{Q_h K_h^{\mathrm{T}}}{\sqrt{d}}\right)
\tag{2}
$$

[2] b は層のインデックスを表しています。

ヘッドごとおよび層ごとに注意重み $\mathbf{A} = \{\{A_h^1\}_{h=1}^H, \ldots, \{A_h^b\}_{h=1}^H\}$ [2] を算出した上で，Attention rollout [3] と呼ばれる方法を使うことで Attention map を得ることができます。Attention rollout による Attention map の可視化方法の概略図を図 5 に示します。Attention rollout では，最初にヘッドごとの注意重みを平均します。

$$
\hat{A}^b = \frac{1}{H} \sum_{h=1}^{H} A_h^b
\tag{3}
$$

続いて，単位行列 $I \in \mathbb{R}^{(N+1)\times(N+1)}$ を $\hat{A}^b$ に加算した後に，層ごとに乗算します。

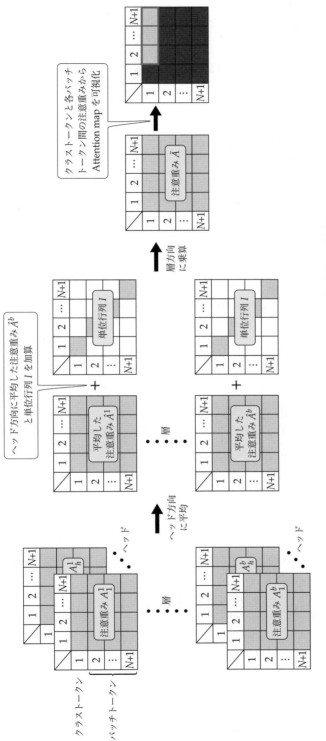

図 5　Attention rollout による Attention map の可視化方法の概略図

$$\hat{A}^b = \hat{A}^b + I$$
$$\bar{A} = \prod_b \hat{A}^b \tag{4}$$

Attention rollout で得た全体の注意重み $\bar{A}$ は，クラストークンを含むパッチ数 $(N+1) \times (N+1)$ の行列になっています。この行列から，クラストークンと各パッチトークン間の注意重みをマップ化したものが図 4 の Attention map です。また，層ごとおよびヘッドごとのすべての注意重みは $(N+1) \times (N+1)$ の行列で表せることから，層ごとおよびヘッドごとの Attention map の分析は容易です。

1.2 Vision Transformer の学習と課題

ViT の学習では，JFT-300M [3] という 3 億枚の訓練画像を有するデータセットで事前学習したモデルを，約 128 万枚の ImageNet などの下流タスクに転移学習します。膨大なデータを用いて事前学習を行うことで，ViT は高い認識精度を達成することができます。一方で，事前学習をせずに ImageNet をフルスクラッチで学習した場合の ViT は，認識精度が CNN を下回ります。この理由は，データがもつ帰納バイアスとデータ数にあると，ViT の著者らは考察しています。

帰納バイアスとは，モデルがデータに対してもっている仮定のことです。たとえば，CNN ではカーネルで局所領域のデータを捉えるため，局所領域に強い帰納バイアスが生じます。一方で，ViT では Self-Attention が各パッチ特徴量を計算するため，CNN に比べて帰納バイアスが比較的弱いといえます。そのため，少ないデータで学習するなら強い帰納バイアスをもつ CNN の性能が良く，膨大なデータで学習するなら弱い帰納バイアスをもつ ViT の性能が良いと，ViT の著者らは述べています。

ViT の事前学習は「教師あり学習」なので，それに必要な 3 億枚のデータセットのすべてのサンプルに人が付与した正解ラベルが必要です [4]。そのため，ViT で高い認識精度を得るには，多くの人的コストと時間コストが必要になります。

2 ViT の自己教師あり学習 "DINO"

DINO（self-distillation with no labels）[4] は，CNN や ViT に適用できる自己教師あり学習（self-supervised learning）の手法です。自己教師あり学習とは，ラベルのないデータに対して疑似的な問題（pretext task）を適用することで，データから自動的にラベルを作成して学習する方法です。付与したラベルはクラス情報などを含まないため，自己教師あり学習をしたモデルは，事前学習モデルとしてクラス分類や物体検出などの下流タスクに利用されます。2020

年以降，自己教師あり学習は，画像間の関係に基づいて画像から抽出した特徴量を埋め込む，対照学習（contrastive learning）[5]という学習方法を使った研究が盛んに行われています。DINO も対照学習を行いますが，ポジティブペア[6]のみを用いて学習します。

DINO の概略図を図6に示します。DINO は名前のとおり，知識の蒸留（knowl-edge distillation）[5] を自己教師あり学習に拡張してネットワークの学習を行います。知識の蒸留は，学習済みのネットワーク（教師ネットワーク）の出力分布を，未学習のネットワーク（生徒ネットワーク）の学習においてラベルとして利用する手法です。教師ネットワークの出力分布には，Dark knowledge,すなわち教師ネットワークが学習で獲得したクラス間の類似度情報が含まれており，この情報が生徒ネットワークの精度向上に寄与していると考えられています [6]。DINO は，知識の蒸留と異なり，学習済みネットワークは使用しません。そのため，教師ネットワークの出力分布が生徒ネットワークにとって効果的となるように，2.2 項で述べる 3 つのテクニックを導入しています。

DINO は既存手法と比べて特に ViT に対して効果を発揮し，DINO で学習した ViT の Attention map は，図7のように，ラベル情報なしで物体形状を捉える表現を獲得します[7]。

2.1 ネットワーク構造

DINO は，生徒ネットワークと教師ネットワークという同一構造の 2 つのネットワークを使用します。生徒ネットワークと教師ネットワークは，CNN や ViT といった自己教師あり学習の対象とするネットワーク（エンコーダと呼ばれます）と，ボトルネック構造の 3 層の MLP（プロジェクタと呼ばれます）から構成されます。DINO は知識の蒸留をベースとした手法ですが，知識の蒸留と異なり，教師ネットワークは未学習のネットワークを使用します。

2.2 学習方法

基本的な学習方針は，教師ネットワークの出力分布をラベルとして，生徒ネットワークを学習することです。DINO では，教師ネットワークが未学習のため，教師ネットワークの出力分布を生徒ネットワークの学習で効果的に利用するために，(1) 入力画像の作成方法，(2) 出力の処理方法，(3) 重みパラメータの更新方法に関して，以下に説明するテクニックを導入しています。

(1) 入力画像の作成方法

DINO は，SimCLR [7] で使われたランダムクロップと色変換を使用し，マルチクロップによってポジティブペアの画像を作成します。ランダムクロップは

[5] ミニバッチの各画像から 2 サンプルのデータ拡張された画像を作成し，元画像が同じ特徴量間の類似度を大きく，異なる特徴量間の類似度を小さくするように学習します。

[6] 画像間の類似度を大きくする関係にあるペアをポジティブペア，小さくする関係にあるペアをネガティブペアと呼びます。

[7] 最終層において，ヘッドごとに Attention map を可視化します。図 7 は最も前景をきれいに注目していたヘッドの Attention map をまとめています。

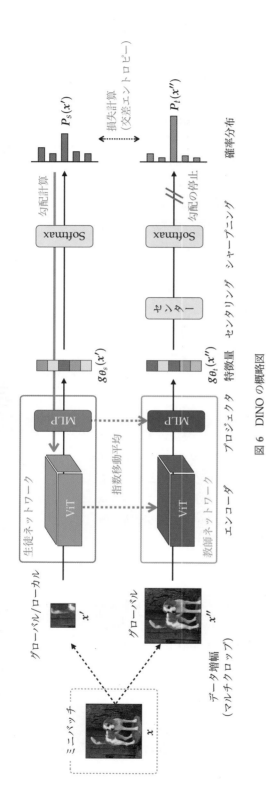

図 6　DINO の概略図

図 7　DINO で学習した ViT の Attention map。文献 [4] より引用。

画像内の同一位置の予測と近接位置の予測を行うタスクを作成し，色変換は色の予測を行うタスクを作成することで，位置の予測を色情報を頼りに解くことを抑制します。マルチクロップは，SwAV [8] で提案された，計算コストを削減しつつ画像数を増やすデータ拡張方法です。

ランダムクロップによって作成される位置の予測タスクは，ポジティブペアの画像間から物体の対応関係を学習するため，通常は，比較する画像数を増やすことで一度に多くの対応関係を学習することができます。しかし，ポジティブペアの画像数を増やすと，計算コストが 2 次関数的に増加します。そこで，マルチクロップは，3 サンプル目以降の画像を元画像のごく一部の領域をカバーする小さい画像サイズで作成することで，計算コストの増加を防ぎます。DINOでは，通常の画像サイズで作成する 2 サンプルの画像をグローバル画像，小さい画像サイズで作成する 3 サンプル目以降の画像をローカル画像と呼びます。マルチクロップの適用例を図 8 に示します[8]。ローカル画像はクロップする領域が小さいため，局所領域を表す画像となります。マルチクロップで作成した各画像をネットワークへ入力する際は，教師ネットワークにはグローバル画像のみを入力します。一方，生徒ネットワークにはグローバル画像とローカル画像の両方を入力します。そのため，大域的な情報（グローバル）から大域的な情報（グローバル），または局所的な情報（ローカル）から大域的な情報（グローバル）を予測することになり，学習によってローカルとグローバルの関係を対応付けることができます。グローバル画像はローカル画像と比べてクロップする領域が大きいため，通常，物体の対応関係を表す情報がより多く含まれています。そのため，グローバル画像は知識の蒸留における Dark knowledge のような役割を担っていると考えられます。

  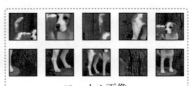

元画像　　　　　グローバル画像　　　　　　　　　　ローカル画像

図 8　マルチクロップの適用例

(2) 出力の処理方法

DINO は，ネットワークの出力に対してセンタリング処理とシャープニング処理を適用します。この 2 つの処理は，「表現の崩壊」[9] を防ぐことを目的としています。ポジティブペアの類似度を大きくする学習は，ネガティブペアを考慮しないため，すべての画像に対して同じ出力をすれば，容易に学習を収束さ

8) DINO では，各画像のクロップサイズや画像サイズ，画像数は，ネットワーク構造によって異なる条件を使用します。図8は，ネットワーク構造として 16×16 パッチの Small モデル（3 節参照）の ViT を使用した場合の画像例です。

9) 学習によって，どんな画像に対しても同じ出力をするネットワークになることを意味します。

せることができます。

　表現の崩壊を防ぐために，SimCLR と MoCo [9] はネガティブペアの類似度を小さくし，BYOL [10] と SimSiam [11] は異なるネットワーク構造を用い，SwAV は特徴量に対してクラスタリング処理を行います。一方，DINO は，特徴量に対してセンタリング処理とシャープニング処理を行うことで，表現の崩壊を防ぎます。

　センタリング処理は，教師ネットワークの出力のみに適用され，どの画像でも同じクラスの確率値が高い状態になることを防ぎます。この処理は，教師ネットワークの出力に対して今までの教師ネットワークの平均的な出力を差し引くことで実現します。入力画像 x_i に対するセンタリング処理は次の計算で行われます。

$$c \leftarrow mc + (1-m)\frac{1}{B}\sum_{j=1}^{B} g_{\theta_t}(x_j)$$
$$g_{\theta_t}(x_i) \leftarrow g_{\theta_t}(x_i) - c \tag{5}$$

ここで，c はセンターベクトル，m はハイパーパラメータ（0.9），B はミニバッチサイズ，$g_{\theta_t}(\cdot)$ は教師ネットワークの出力を表します。センターベクトルは教師ネットワークの出力と同じ次元数のベクトルであり，ミニバッチに対する教師ネットワークの平均出力を指数移動平均によって足し合わせることで更新されます。センタリング処理による確率分布の変化を図 9 の上段のグラフに示します。教師ネットワークの出力は，センターベクトルを差し引くことで，平均的な出力より大きいか小さいかを表す出力となります。平均値より小さい値

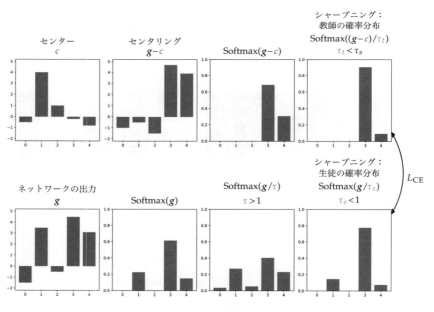

図 9　センタリング処理とシャープニング処理の適用例

は，Softmax 関数を適用すると 0 に限りなく近くなるため，すべての画像にわたって同じクラスの確率値が高くなることを防ぎます。

シャープニング処理は，確率分布の各確率値が同じ値になることを防ぐ処理で，温度付き Softmax 関数[10] によって実現します。教師ネットワークの入力画像 x_i に対するシャープニング処理は，次の計算で行われます。

$$P_t(x_i)^{(l)} = \frac{\exp\left((g_{\theta_t}(x_i) - c)^{(l)}/\tau_t\right)}{\sum_{k=1}^{K} \exp\left((g_{\theta_t}(x_i) - c)^{(k)}/\tau_t\right)} \tag{6}$$

ここで，$P_t(\cdot)^{(l)}$ は教師ネットワークの l クラスの確率値，$(g_{\theta_t}(\cdot) - c)^{(l)}$ はセンタリング処理後の教師ネットワークの l クラスの出力値，τ_t は温度パラメータ，K はクラス数（プロジェクタの出力次元数）を表しています。温度パラメータによる確率分布の変化を図 9 の下段のグラフに示します。温度パラメータが 1 の確率分布は，通常の Softmax 関数による確率分布と等価です。温度パラメータが 1 より大きい確率分布は，温度パラメータが 1 の確率分布に比べて平坦になります。温度パラメータが 1 未満の確率分布は，温度パラメータが 1 の確率分布に比べて先鋭化されます。知識の蒸留では，Dark knowledge を伝えやすくするために温度パラメータを 1 より大きく設定するのに対し，DINO では 1 未満の値に設定する[11] ことで 1 つの確率値を強調し，各確率値が同じ値になることを防ぎます。

ここまでは，各処理の利点について述べました。しかし，センタリング処理は確率分布の 1 つの確率値が高い値をとり続けることを防ぐ一方で，各確率値が同程度の値になることを促します。シャープニング処理は各確率値が同程度の値になることを防ぐ一方で，1 つの確率値が高い値をとり続けることを促します。そのため，センタリング処理とシャープニング処理を併用して両者の欠点を互いに補うことで，教師ネットワークの出力分布は表現の崩壊を起こしにくく，生徒ネットワークにとって効果的な確率分布になります。

(3) 重みパラメータの更新方法

生徒ネットワークは損失計算とその勾配からパラメータを更新し，教師ネットワークは指数移動平均によってパラメータを更新します。損失計算には，クラス分類問題において代表的な交差エントロピー損失を使用します。マルチクロップを適用した交差エントロピー損失は，次のように計算します。

$$L_{\mathrm{CE}} = \sum_{x \in \{x_1^g, x_2^g\}} \sum_{\substack{x' \in V \\ x' \neq x}} H(P_t(x), P_s(x')) \tag{7}$$

$$H(a, b) = -a \log b$$

ここで，x_1^g, x_2^g はグローバル画像，V はグローバル画像とローカル画像の集合，

[10] 温度パラメータを導入した Softmax 関数。温度パラメータを調節することで，確率分布を平坦化することや先鋭化することができます。

[11] 生徒の温度パラメータは 0.1，教師の温度パラメータは Linear warm-up を用いて 0.04 から 0.07 に設定します。教師の温度パラメータを 0.08 以上に設定すると表現が崩壊することが，文献 [4] の実験により示されています。

$P_t(\cdot)$ は教師ネットワークの出力分布，$P_s(\cdot)$ は生徒ネットワークの出力分布を表します。指数移動平均による教師ネットワークの更新は，次式のように，教師ネットワークの重みパラメータに生徒ネットワークの重みパラメータを加算することで行われます。

$$\boldsymbol{\theta}_t \leftarrow \lambda \boldsymbol{\theta}_t + (1 - \lambda)\boldsymbol{\theta}_s \tag{8}$$

ここで，$\boldsymbol{\theta}_t$ は教師ネットワークの重みパラメータ，$\boldsymbol{\theta}_s$ は生徒ネットワークの重みパラメータ，λ は重み係数を表します。多くの場合，λ は 0.99 から 1 の値に設定され，教師ネットワークの重みが急減に変化することを抑制します。DINO では，λ は初期値 0.996 で始まり，Cosine Schedule によって最終的に 1 になります。

　指数移動平均は，大きく 2 つの目的から導入されるテクニックで，自己教師あり学習手法の MoCo や BYOL，半教師あり学習手法の Mean Teacher [12] でも使われています。1 つ目の目的は出力の安定化です。疑似的な問題を解く際に，基準となる出力が重みパラメータを更新するたびに大きく変わって学習が不安定になることを抑制します。BYOL では，深層強化学習における安定したターゲット作成の考え方 [13, 14, 15, 16, 17] に基づいて指数移動平均が導入されました。2 つ目の目的は，重みパラメータのアンサンブルによる表現能力や認識性能の向上です。Mean Teacher では，生徒ネットワークの表現能力は学習初期に大きく改善され，学習が進むにつれて改善の度合いが小さくなることから，表現能力が低い学習序盤は教師ネットワークのパラメータを大きく更新し，表現能力がある程度高まった学習中盤以降はパラメータを小さく更新します。こうすることで，重みパラメータのアンサンブルによる効果が得られやすいと考えられています。DINO の著者らは，DINO においては指数移動平均による表現能力や認識性能の向上による効果がきいていると考えています。

　図 10 に自己教師あり学習中の教師ネットワークと生徒ネットワークの精度の推移[12] を示します。学習中盤において，教師ネットワークの精度が生徒ネッ

12) ImageNet の学習用データを用いて自己教師あり学習を行い，各エポック後に k-NN 法によって評価用データに対する精度を算出しています。

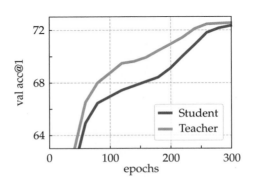

図 10　自己教師あり学習中の各ネットワークの精度。文献 [4] より引用。

トワークの精度を上回っています。生徒ネットワークは教師ネットワークの出力をもとに学習し，教師ネットワークは生徒ネットワークの重みパラメータに基づいて更新されるため，教師ネットワークと生徒ネットワークが互いに作用し合って認識性能が向上していくわけです。

2.3 転移学習による評価

DINO で学習した ViT を下流タスクへ転移学習した結果[13] を表 1 に示します。DINO で学習した ViT は，教師あり学習の ViT を転移学習した場合と比べて，多くのデータセットで高い認識性能を発揮しています。これらの結果から，DINO は人により付与された正解ラベルを使用せずに，良い特徴表現を獲得できるといえます。

[13] ImageNet で学習した ViT をクラス分類問題の各データセットへ転移学習しています。

表 1 下流タスクへ転移学習したネットワークの精度。文献 [4] より引用。

	$Cifar_{10}$	$Cifar_{100}$	$INat_{18}$	$INat_{19}$	Flwrs	Cars	INet
ViT-S/16							
Sup. [69]	**99.0**	89.5	70.7	76.6	98.2	92.1	79.9
DINO	**99.0**	**90.5**	**72.0**	**78.2**	**98.5**	**93.0**	**81.5**
ViT-B/16							
Sup. [69]	99.0	90.8	**73.2**	77.7	98.4	92.1	81.8
DINO	**99.1**	**91.7**	72.6	**78.6**	**98.8**	**93.0**	**82.8**

3 Attention map の比較実験

本節では，教師あり学習の ViT と自己教師あり学習の DINO の 2 モデルの Attention map の比較結果を示します。両モデルとも 16 × 16 パッチの Small モデル（層数：12，ヘッド数：6，Transformer の次元数：384）を用います。DINO は著者らが公開しているコードおよび重みを用います（https://github.com/facebookresearch/dino）。ViT は timm ライブラリ（https://github.com/rwightman/pytorch-image-models）を用いますが，純粋な ImageNet で学習したモデルが公開されていないため[14]，本稿の著者ら（箕浦・岡本）により ImageNet を学習したモデルで実験しました。

[14] ImageNet-21k で事前学習し，ImageNet で転移学習したモデルが公開されています。

Attention rollout を用いて ViT と DINO の Attention map を可視化した結果を図 11 に例示します。図 11 (a), (b) では，両モデルとも前景物体に注視するような Attention map が得られていることがわかります。図 11 (c), (d) は，同じ場所の画像でも視点が異なる例で，左視点の山の画像 (c) には左隅に動物が映っています。図 (c) において，両モデルは比較的その動物に注視するような Attention map が得られています。一方で，右視点の山の画像 (d) は，遠方に

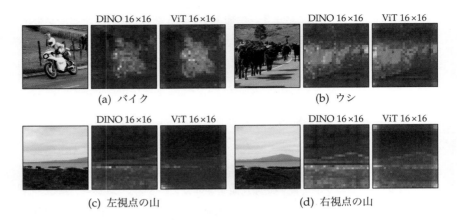

図 11　各方法で学習した Attention map の可視化結果例

山があり，手前は平原です．図 (d) において，両モデルはコンテキストの輪郭を注視するような Attention map を得ていることがわかります．続いて，12 層目のヘッドごとに得られた Attention map の可視化結果を図 12 に例示します．DINO では，ヘッドごとに強弱は異なるものの，ほぼすべてのヘッドで前景物体に注視する Attention map が得られています．一方，ViT では，バイクを操縦する人やバイクの車輪，ウシの足元など，ヘッドごとに異なる物体部位を注視する Attention map が得られています．

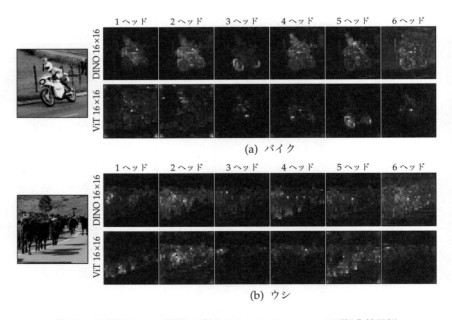

図 12　12 層目のヘッドごとに得られた Attention map の可視化結果例

この実験により，DINO では，マップの強弱はありますが，認識物体を注視した Attention map が得られ，ViT では，ヘッドごとに異なる物体部位を捉えた Attention map が得られていることがわかりました。

4 おわりに

本稿では，画像認識における新たな深層学習モデルとして注目されている ViT を概説した上で，ViT で高い認識精度を得るためには膨大なデータとラベルが必要になることから，データのラベルを必要とせず，CNN と ViT に適用できる自己教師あり学習の方法として，DINO について解説しました。

DINO は教師ラベルを必要とせずとも，教師あり学習の精度を上回っており，また，DINO で学習した Attention map は認識物体に正確に着目できていることから，今後も自己教師あり学習＋ViT の組み合わせが発展すると予想されます。実際に，パッチをランダムにマスクして，マスク部分を再構成するように自己教師あり学習を行うマスクベース＋ViT が提案されています [18, 19, 20]。

一方で，自己教師あり学習と ViT の両方の課題として，リッチな計算資源を有していないと，そもそも学習すること自体が難しいことが挙げられます。たとえば，対照学習に基づいた自己教師あり学習は，元画像から複数枚の画像を作成するデータ増幅や長い学習時間を必要とするのに加えて，指数移動平均，クラスタリング，マルチクロップなどを伴う複雑な学習手順を要求します。

ViT は，膨大なデータセットと計算資源で，CNN を凌駕する性能を出していますが，実験コストが上がるにつれ，研究できる環境が限られて寡占化が進み，今後コンピュータビジョン分野の発展を妨げることがあるかもしれません。そのため，CNN が辿ってきたように，軽量かつ高精度なモデルの提案も重要視されていくことが予想されます。本稿が，DINO の理解の助けになるとともに，今後の新たなアイデアの種になれば幸いです。

参考文献

[1] Alexey Dosovitskiy, Lucas Beyer, Alexander Kolesnikov, Dirk Weissenborn, Xiaohua Zhai, Thomas Unterthiner, Mostafa Dehghani, Matthias Minderer, Georg Heigold, Sylvain Gelly, Jakob Uszkoreit, and Neil Houlsby. An image is worth 16x16 words: Transformers for image recognition at scale. In *International Conference on Learning Representations*, 2021.

[2] Ashish Vaswani, Noam Shazeer, Niki Parmar, Jakob Uszkoreit, Llion Jones, Aidan N. Gomez, Łukasz Kaiser, and Illia Polosukhin. Attention is all you need. In *Advances in Neural Information Processing Systems*, 2017.

[3] Samira Abnar and Willem Zuidema. Quantifying attention flow in transformers. In *Association for Computational Linguistics*, pp. 4190–4197, 2020.

[4] Mathilde Caron, Hugo Touvron, Ishan Misra, Hervé Jégou, Julien Mairal, Piotr Bojanowski, and Armand Joulin. Emerging properties in self-supervised vision transformers. In *International Conference on Computer Vision*, pp. 9650–9660, 2021.

[5] Geoffrey Hinton, Oriol Vinyals, and Jeff Dean. Distilling the knowledge in a neural network. In *Advances in Neural Information Processing Systems*, 2015.

[6] Anoop Korattikara Balan, Vivek Rathod, Kevin P. Murphy, and Max Welling. Bayesian dark knowledge. In *Advances in Neural Information Processing Systems*, 2015.

[7] Ting Chen, Simon Kornblith, Mohammad Norouzi, and Geoffrey Hinton. A simple framework for contrastive learning of visual representations. In *International Conference on Machine Learning*, pp. 1597–1607, 2020.

[8] Mathilde Caron, Ishan Misra, Julien Mairal, Priya Goyal, Piotr Bojanowski, and Armand Joulin. Unsupervised learning of visual features by contrasting cluster assignments. In *Advances in Neural Information Processing Systems*, 2020.

[9] Kaiming He, Haoqi Fan, Yuxin Wu, Saining Xie, and Ross Girshick. Momentum contrast for unsupervised visual representation learning. In *Computer Vision and Pattern Recognition*, pp. 9729–9738, 2020.

[10] Jean-Bastien Grill, Florian Strub, Florent Altché, Corentin Tallec, Pierre Richemond, Elena Buchatskaya, Carl Doersch, Bernardo Avila Pires, Zhaohan Guo, Mohammad Gheshlaghi Azar, Bilal Piot, Koray Kavukcuoglu, Remi Munos, and Michal Valko. Bootstrap your own latent — A new approach to self-supervised learning. In *Advances in Neural Information Processing Systems*, 2020.

[11] Xinlei Chen and Kaiming He. Exploring simple Siamese representation learning. In *Computer Vision and Pattern Recognition*, pp. 15750–15758, 2021.

[12] Antti Tarvainen and Harri Valpola. Mean teachers are better role models: Weight-averaged consistency targets improve semi-supervised deep learning results. In *Advances in Neural Information Processing Systems*, 2017.

[13] Volodymyr Mnih, Koray Kavukcuoglu, David Silver, Andrei A. Rusu, Joel Veness, Marc G. Bellemare, Alex Graves, Martin Riedmiller, Andreas K. Fidjeland, Georg Ostrovski, Stig Petersen, Charles Beattie, Amir Sadik, Ioannis Antonoglou, Helen King, Dharshan Kumaran, Daan Wierstra, Shane Legg, and Demis Hassabis. Human-level control through deep reinforcement learning. *Nature*, Vol. 518, pp. 529–533, 2015.

[14] Volodymyr Mnih, Adria Puigdomenech Badia, Mehdi Mirza, Alex Graves, Timothy Lillicrap, Tim Harley, David Silver, and Koray Kavukcuoglu. Asynchronous methods for deep reinforcement learning. In *International Conference on Machine Learning*, pp. 1928–1937, 2016.

[15] Matteo Hessel, Joseph Modayil, Hado van Hasselt, Tom Schaul, Georg Ostrovski, Will Dabney, Dan Horgan, Bilal Piot, Mohammad Gheshlaghi Azar, and David Silver. Rainbow: Combining improvements in deep reinforcement learning. In *Association for the Advancement of Artificial Intelligence*, pp. 3215–3222, 2018.

[16] Hado van Hasselt, Yotam Doron, Florian Strub, Matteo Hessel, Nicolas Sonnerat, and Joseph Modayil. Deep reinforcement learning and the deadly triad. In *Advances*

in Neural Information Processing Systems Workshop, 2018.

[17] Timothy P. Lillicrap, Jonathan J. Hunt, Alexander Pritzel, Nicolas Heess, Tom Erez, Yuval Tassa, David Silver, and Daan Wierstra. Continuous control with deep reinforcement learning. In *International Conference on Learning Representations*, 2016.

[18] Zhenda Xie, Zheng Zhang, Yue Cao, Yutong Lin, Jianmin Bao, Zhuliang Yao, Qi Dai, and Han Hu. SimMIM: A simple framework for masked image modeling. *arXiv:2111.09886*, 2021.

[19] Hangbo Bao, Li Dong, and Furu Wei. BEiT: BERT pre-training of image transformers. *arXiv:2106.08254*, 2021.

[20] Kaiming He, Xinlei Chen, Saining Xie, Yanghao Li, Piotr Dollár, and Ross Girshick. Masked autoencoders are scalable vision learners. *arXiv:2111.06377*, 2021.

みのうら ひろあき（中部大学）
おかもと なおき（中部大学）

ニュウモン コンピュテーショナル CMOS イメージセンサ
新しいセンサの理解が画期的なCV研究を生み出す！

■香川景一郎　■寺西信一

イメージセンサは，多次元的な光の分布をデジタル信号に変換するカメラの主要部品です。現在，デジタルカメラ・ビデオカメラのほとんどで利用されている CMOS（complementary metal oxide semiconductor）イメージセンサは，高感度化，多画素化，高フレームレート化に貢献しただけではなく，カメラそのものの定義に変化をもたらしつつあります。つまり，従来の「絵を撮るカメラ」から，コンピュータが定量的に見る「測るカメラ」へのシフトです。

TOF（time of flight）カメラまたは LiDAR（light detection and ranging）[1] と呼ばれる，光の飛行時間から距離を画像化するカメラの急速な普及はその典型です。TOF カメラで用いられるイメージセンサの画素には，マルチタップ電荷変調器[2] からできているものがあります。従来光計測の分野で利用されていたアクティブイメージング[3] への応用も研究されています。また，符号化露光を適用することで，圧縮サンプリングにより効率的に動画像を撮影する圧縮ビデオも提案されています。

本稿では，イメージセンサ画素技術の基礎とマルチタップ電荷変調器について説明した後，時分割多重イメージングによるアクティブイメージング，符号化露光による圧縮イメージングを実現するマルチタップコンピューテーショナル CMOS イメージセンサの最近の開発動向と応用例を紹介します。本稿で技術のすべてを説明することはできないので，イメージセンサについては文献 [1, 2]，電荷変調器と TOF イメージセンサは文献 [3]，超高速イメージセンサは文献 [4] を適宜参照してください。

1　完全電荷転送と CMOS イメージセンサ

本節では，人の目とは異なる見方をする新しいスタイルのカメラを概観した後，イメージセンサ画素の基礎を説明します。現行のデジタルカメラやビデオカメラは，ほとんどが CMOS イメージセンサを利用しています。かつて CCD（charge coupled device）[5] はイメージセンサの代名詞でしたが，今では用途は限定的です。新しいスタイルのイメージセンサであるコンピューテーショナル

[1] LiDAR はレーザー光の反射から距離を計測する技術全般を表し，TOF はその中でも光飛行時間を用いて距離を測る方式，という使い分けのようですが，本稿では併記することにします。また，最近は "ToF" と書かれることが多いですが，昔から使われている表記である "TOF" を使うことにします。

[2] lock-in pixel，photonic demodulator などとも呼ばれます。

[3] 制御した照明を能動的に計測対象に照射するイメージング法。

CMOS イメージセンサを紹介する前に，その基礎として CMOS イメージセンサ画素の根幹をなす埋め込みフォトダイオード（ピン留めフォトダイオード）[6, 7] について説明します。CCD/CMOS イメージセンサ技術とその歴史は文献 [1, 2] に詳しく書かれているので参照してください。

1.1 「絵」を撮らないカメラ

カメラはもともと人間の目の代わりに画像（絵）を記録するものでした。しかし，撮像管や銀塩フィルムがシリコン製イメージセンサに置き換わることで，デジタル化された画像情報がリアルタイムに得られ，即座にデジタル処理することが可能になりました。その結果，センサの生の出力画像は人が見てもあまり意味がなく，画像に何らかの処理がなされ，抽出された情報のみを人が見る状況が増えています。

光の飛行時間から距離画像を得る TOF カメラ / LiDAR はすでに多くのスマートフォンに搭載され，カメラのエフェクトや AR に利用されています。さらに，車やドローンの自動運転においても期待されています。

一方，光計測分野では，光の位相やパターンを変化させながら対象に照射して撮像した反射または透過画像から，物体の形状，面方位，散乱・吸収係数などの定量情報を得るアクティブイメージングが主流です。イメージセンサの高性能化だけではなく，プロジェクタや光源の小型化・高性能化により，従来科学計測用として位置付けられていた技術がより身近なものになってきています。

また，光学システムにおける低レベルの物理的処理と計算機による高レベルの後処理を組み合わせたコンピュテーショナルフォトグラフィ [8] において研究されてきた符号化露光も，カメラを高性能化する重要な技術であり，イメージセンサ技術の変化と発展を促しています。

1.2 CMOS イメージセンサ画素の根幹：
埋め込みフォトダイオードと完全電荷転送

1.2.1 pn 接合ダイオードと埋め込みフォトダイオード

現在，可視光用の CMOS イメージセンサの多くは，シリコンを用いた半導体集積回路技術により作られており，フォトダイオードが光電変換素子としてよく使われています。これは n 型シリコンと p 型シリコンを接合したもの（pn 接合ダイオード）であり，図 1 に示すように，いくつかのバリエーションがあります。n 型層は電子，p 型層はホールで満たされていて，型と濃度は製造時に加える（ドープする）原子の種類と量で決まります。

イメージセンサに用いられるフォトダイオードは，受光素子として市販され

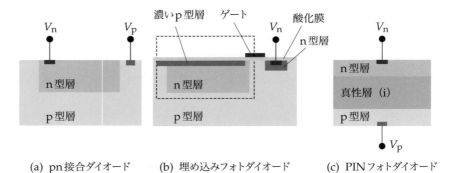

(a) pn接合ダイオード　　　　(b) 埋め込みフォトダイオード　　　　(c) PINフォトダイオード

図1　pn 接合を用いたフォトダイオードの種類

ている一般的なフォトダイオード（PIN フォトダイオードなど）とは異なる構造をもつ，埋め込みフォトダイオード（buried photodiode）です。単なる pn 接合ダイオードでは，実用的な性能（特に光感度，暗電流，残像，リセットノイズ）をもつイメージセンサを作ることはできません。イメージセンサの製造には，最先端ではない，いわゆる枯れたプロセスが使われますが，汎用的なアナログ・デジタル混載（mixed signal）プロセスにおいて，イメージセンサ専用の埋め込みフォトダイオードとその周辺構造の製造技術を追加した専用プロセスが用いられます。

1.2.2　4T 画素

図2に基本的な 4T [4] 画素の構造を示します。画素構造は回路図，断面図，ポテンシャル図の 3 つで表現されます。4T 画素は電荷転送ゲート（TX），リセット（RST）トランジスタ，ソースフォロア（SF）[5] トランジスタ，選択トランジスタ（SEL）の 4 つのトランジスタをもちます。なお，PD はフォトダイオード，FD は浮遊拡散層[6] の略です。図2 (a) において FD が破線で接続されているのは，実際にはコンデンサではなく，寄生素子である逆バイアスされたダイオードの空乏層容量を用いていることを意味しています。

図2 (b) に示すように，通常，フォトダイオードは p 型エピ層（p-epi），回路素子は p 型の井戸（p-well）の中に作られます。図には示していませんが，素子分離のために STI や DTI（shallow/deep trench isolation）が用いられます。電圧増幅回路であるソースフォロア（の入力部分），行選択トランジスタ，行リセットトランジスタは，回路図で表すことができます。電荷転送ゲートは，後述するように特別なトランジスタです。フォトダイオード周辺は手の込んだイオン注入で作られるため，構造の理解に断面図は不可欠です。

[4] 読み方は「よんとらんじすた」。俗に「よんとら」。

[5] トランジスタを用いた基本的な 3 つの増幅回路（ソース接地増幅回路，ドレイン接地増幅回路，ゲート接地増幅回路）のうち，ドレイン接地増幅回路の別名。電圧利得は 1 以下。利得のばらつきが小さく，読み出し可能な電圧範囲が広いので，ほとんどの CMOS イメージセンサで用いられています。ソース接地増幅回路を用いる CMOS イメージセンサもありますが，ごく一部です。

[6] 歴史的に拡散層と呼ばれていますが，実際には熱拡散ではなくイオン注入で作られます。

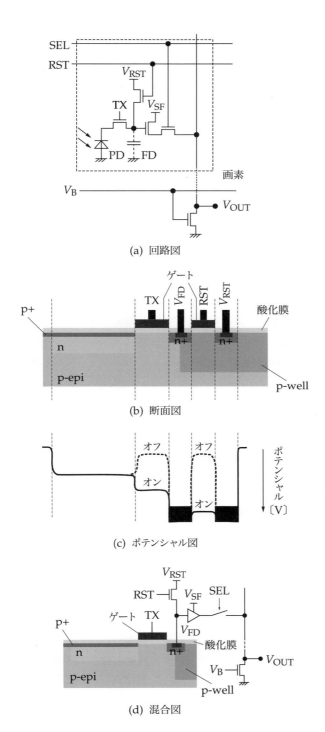

(a) 回路図

(b) 断面図

(c) ポテンシャル図

(d) 混合図

図 2　4T 画素構造の表現

1.2.3　ポテンシャル図

　イメージセンサの肝である電荷転送のメカニズムは，回路図では説明できません。そのため，図2 (c) のようなポテンシャル図が用いられます。電子は負の電荷をもつため，ポテンシャル（電位〔V〕）は下向きが正になります。リセットトランジスタは回路図とポテンシャル図の両方で表現できますが，トリッキーな動作をする場合には，ポテンシャル図による説明が必要になります。

　図2 (d) のように，異なる表記を混在させて描く場合もあります。この例では，トランジスタの機能がわかるようにアンプとスイッチの記号で表現していますが，いずれも1つのトランジスタです。この断面図の下に，さらにポテンシャル図が組み合わされることもあります。

1.2.4　画素技術の要点

　フォトダイオード周辺が回路図として描けない理由は，電荷転送にあります。実用的なCMOSイメージセンサ画素に不可欠なキーワードは，1) 埋め込みフォトダイオード，2) 完全空乏化，3) ピン留め，4) 完全電荷転送の4つです。これらは，CCDイメージセンサからCMOSイメージセンサに引き継がれた技術です。図2 (b) は，p型エピ層（p-epi）の中にフォトダイオードを作る場合を示しています[7]。フォトダイオードのn型層は，全体を空乏化して電子[8]がない空の状態にすることができます。これは完全空乏化と呼ばれ，後ほど詳しく説明します。

1.2.5　蓄積モード

　シリコンに光子が入射すると，ある一定の確率で電子とホールの対が生じます。この電子は光電子とも呼ばれます。イメージセンサでは，多くの場合，電子が信号として用いられます。空乏層はシリコンの深さ方向にも伸びていて，主に空乏層内で生じた電子が検出されます。一般的なイメージセンサでは，pn接合フォトダイオードを逆バイアス[9]で用います。この状態ではダイオードの端子間に電流が流れないので，空乏層が見かけ上誘電体のように振る舞い，容量として機能します。これは空乏層容量と呼ばれ，ここに露光時間内にフォトダイオードで発生した電子を蓄積します。このフォトダイオードの動作は蓄積モードと呼ばれ，イメージセンサの感度を高める役割を果たします。

1.2.6　埋め込みフォトダイオード

　シリコン表面は結晶欠陥が多いため，空乏層が結晶欠陥に触れると，大きな暗電流が流れて画質を著しく劣化させます。そこで，n型層のごく表層に高濃度のp型層を作り，結晶欠陥をホールで埋めると，暗電流が劇的に減少します。

[7] 半導体集積回路では，p型シリコン基板の上にエピタキシャル成長でp型シリコン単結晶を積み，その中に回路を作ります。エピタキシャル成長層のことをエピ層と呼びます。イメージセンサでは，n型シリコン基板が使われることもあります。なお，エピ層の中にさらにウェルと呼ばれる深いn層またはp層を作り，その中にトランジスタを作ります。

[8] 正確には伝導電子。

[9] n型層の端にp型層の端よりも高い電圧がかかり，順方向電流が流れない状態。

n 型層がシリコン内部に埋め込まれているので，埋め込みフォトダイオードと呼ばれます（図 1 (b)）。これはもともと CCD イメージセンサで発明された技術です。高濃度 p 型層（p+）は，フォトダイオードの n 型層との間に大きい空乏層容量を作るため，蓄積できる電子数を増やしてダイナミックレンジを広げる効果ももたらします。注意点として，埋め込みフォトダイオードは表面に現れず電極が付けられないので，直接電圧信号を計測することはできません。

n 型層の端子に p 型層よりも高い電圧をかけていくと，n 型層側の空乏層は接合面からどんどん n 型層の端に向かって広がり，最後には，n 型層のすべてが空乏化します（図 3）。これを完全空乏化と呼びます。フォトダイオードの n 型層を完全空乏化させる電圧は，空乏化電位と呼ばれます。埋め込みフォトダイオードでは，高濃度 p 型層の電圧は通常 p 型エピ層と同じ 0 V に固定されます。したがって，n 型層は，電子が溜まっていない空の状態のとき，その電圧は空乏化電位に等しくなり，この電圧より高くなる（ポテンシャルとしては深くなる）ことはありません（図 4 (a)）。これはフォトダイオードのポテンシャル

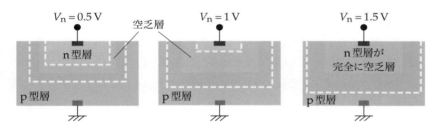

図 3　フォトダイオードの完全空乏化（図中の電圧は一例です）

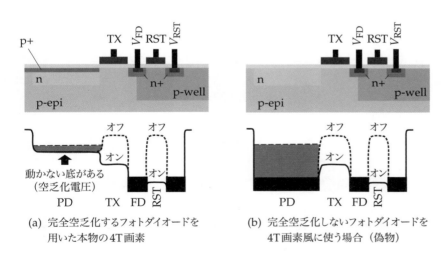

(a) 完全空乏化するフォトダイオードを用いた本物の 4T 画素

(b) 完全空乏化しないフォトダイオードを 4T 画素風に使う場合（偽物）

図 4　完全空乏化するフォトダイオードとそうでないものの描き分け

のピン留めと呼ばれ，完全電荷転送に不可欠です。通常のフォトダイオードは空乏化電位が非常に高いので，数 V 程度の低電圧では完全空乏化しませんが，CMOS イメージセンサでは，空乏化電位が電源電圧（通常 3.3 V 以下）よりも十分低くなるように設計されます。

図 4 (b) は完全空乏化しないフォトダイオードを 4T 画素風に使ったまがい物です。ポテンシャル図において，フォトダイオードの下部にある黒い部分は，完全空乏化しないために，信号電子ではなく，意味のない電子（いわば泥水）で埋められていることを表しています。このようにして，pn 接合ダイオードが完全空乏化するかどうかを描き分けます。

1.2.7 完全電荷転送を用いた画素値の読み出し

次に，イメージセンサの画素値の読み出し手順に触れながら，完全電荷転送の重要性を説明します。イメージセンサでは，高感度と低ノイズを実現するために，フォトダイオードを蓄積モードで利用します。たとえると，フォトダイオード（PD）は大きなタライで，浮遊拡散層（FD）はメスシリンダーです（図5）。大きなタライにより，降り注ぐ光をできるだけ広い面積で捉えて感度を高めます。光子数を正確に測るために，まずタライを完全に空にしてから，イメージセンサに降り注ぐ光子（実際には光電子）を溜めます。しかし，大きなタライでわずかな水位の変化を正確に測ることは困難です。そこで，タライの水を細いメスシリンダー（＝容量が小さいコンデンサ）に一滴も残すことなく完全に移し替えます。これが完全電荷転送です。その後，水位を正確に測ります。このように，溜める容量と検出する容量が分離できることが，4T 画素の重要なポイントです。ただ，このメスシリンダーは完全空乏化しない普通の pn 接合ダイオードで作られるので，計測直前に中の水を完全に捨てることができず，底に水（泥水）が残ってしまいます。この量はリセットごとにランダムに変動す

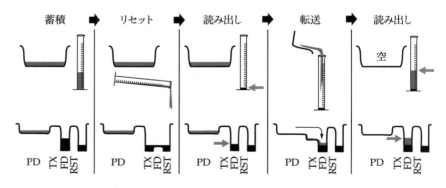

図 5　完全電荷転送を用いた画素値の読み出し

るので，リセットノイズと呼ばれます。

イメージセンサにおける画素値読み出しは，露光時間が終わり，フォトダイオード内に電荷 Q〔C〕が溜まっている状態から始まります。まず，リセットトランジスタをオンにして，FD の電圧を高く（＝ポテンシャルを深く）します。このときの FD の電圧，すなわちリセット電圧は一定値ではなく，リセットトランジスタがオンの間は時間的にゆらぎます[10]。リセットトランジスタをオフにすると，その瞬間の電圧が FD に保存されます。このあとは FD の電圧は変化しないことに注意してください。まず，この電圧をソースフォロアで読み出して，イメージセンサ内（通常は列ごとに設けられたアナログ回路またはデジタル回路）に記憶します。FD のリセット電圧は，フォトダイオードの空乏化電位よりも高くすることが重要です。

次に，転送ゲートをオンにすると，フォトダイオード内の電子はポテンシャルの深い FD に流れ出し，フォトダイオード内は空になります。つまり，フォトダイオードはリセットされます[11]。埋め込みフォトダイオードでないと，このような現象は起きません。単にフォトダイオードと FD が導通して水位が同じになるだけです。この場合，フォトダイオードも FD もノイズで汚染されているので，ノイズが大きいセンサになります。

次に，再び FD の電圧を読み出し，回路を用いて先ほどのリセット電圧との差をとると，その電圧信号が画素値になります。この操作は相関二重サンプリング（correlated double sampling; CDS）と呼ばれ，CMOS イメージセンサの低ノイズ化に不可欠です。

CDS を行うと，極低照度において画素値は負の値になり得ます。これは，アナログ回路（A/D 変換器を含みます）において発生するランダムノイズが，平均 0 V のガウス分布に従うためです。市販のイメージセンサは負の画素値を 0 にクリップしていますが，科学用途のイメージセンサでは，符号付きの画素値が出力される場合があります。

1.2.8 4T 画素読み出しと 3T 画素読み出しの違い

CDS は手順が重要です。まず FD をリセットして，その直後に蓄積した電荷を FD に転送します。これを 4T 画素読み出しと呼びます。後述する電荷変調器には，FD に電荷を溜めるものがあります。その場合，FD の蓄積信号を読んでからリセットすることになります。まず，FD は埋め込み型ではないため，シリコン表面の結晶欠陥により，大きい暗電流とそれによるショットノイズが生じます。さらに，リセットノイズの大きさはリセットごとに変わるため，蓄積信号とリセット信号に相関がなく，リセットノイズが除去できません[12]。読み出し順が逆のこの方式を，3T[13] 画素読み出しと呼びます。

10) トランジスタの熱雑音によるもので，ノイズ電荷のパワーが kTC〔C^2〕であることから kTC ノイズと呼ばれます。ここで，C は FD の容量，k はボルツマン定数，T は絶対温度です。

11) 高照度でフォトダイオードが飽和している場合，フォトダイオード内に電荷が残る可能性があります。そのため，画素値読み出しが終わった後に，リセットトランジスタと転送ゲートを同時にオンにして，フォトダイオードを完全にリセットする場合もあります。

12) 合計 4 回読み出して除去する方法 [9] もありますが，回路自身が発するノイズパワーが 2 倍になるので，やはり 4T 画素読み出しには劣ります。もちろん暗電流によるショットノイズは減りません。

13) 読み方「さんとらんじすた」。俗に「さんとら」。

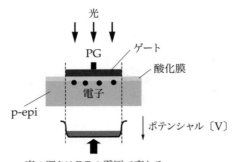

底の深さはPGの電圧で変わる

図 6　フォトゲート

1.2.9　イメージセンサに用いられる他の受光素子

完全電荷転送に適した受光素子として，フォトゲートがあります（図 6）。これは，トランジスタのゲートの直下に生じる空乏層に電子を溜める方式です。ゲート電圧を変えることでポテンシャルの深さを制御できるので，埋め込みフォトダイオードよりも FD への電荷転送がやりやすくなります。しかし，ゲートは多結晶シリコンで作られているため，光はそれを透過する際に吸収されます。そのため，特に短波長で感度が低下する問題があります。フォトゲートは，フレーム転送方式の CCD イメージセンサ（FT-CCD）で広く利用されていました。現在でも，一部の TOF イメージセンサで利用されています。

イメージセンサ開発の歴史において，さまざまな方式の画素が開発されてきました。その中にはフォトトランジスタのような増幅作用をもつ受光素子をベースとしたものなどもありましたが，感度，ノイズ，ダイナミックレンジなどの性能面で，埋め込みフォトダイオードと CDS のタッグには勝てませんでした。しかし，新しい技術をプラスして，また日の目を見る方式があるかもしれません。

1.3　イメージセンサの性能評価指標

イメージセンサの性能には，さまざまな指標があります。

- フィルファクタ（FF）〔%〕：画素面積に対する光感度をもつ面積（普通はフォトダイオード面積）の割合です。画素に設けられているマイクロレンズを考慮した見かけ上のフィルファクタは，実効フィルファクタと呼ばれます。
- 量子効率〔%〕：無感度領域を含む画素全体に入射した光子数に対する，検出される電子数の割合です。これは波長によって変わります。
- 変換ゲイン〔μV/e^-〕：フォトダイオードに蓄積された電子は，FD で電

圧として検出されます。FD に 1 電子入ったときのソースフォロアの出力電圧変化は，変換ゲインと呼ばれます。イメージセンサのランダムノイズと信号量は，FD における電子数に換算して表されます。

- ランダムノイズ〔e^-〕：暗状態において，画素値がもつランダムノイズです。後述の暗電流のショットノイズは含みません。
- 飽和電子数〔e^-〕：検出可能な最大信号量です。
- 固定パターンノイズ〔e^-〕：時間的に変動しない固定的なノイズです。
- 暗電流〔e^-/s〕または〔$e^-/\mathrm{s} \cdot \mu\mathrm{m}^2$〕：シリコン中の欠陥により，暗状態においてもフォトダイオードに流れる電流です。画素当たりか単位面積当たりの量で表されます。暗電流は温度に大きく依存するので，計測時の温度が明記されます。典型的には室温（27℃）ですが，車載用途では 85℃，冷却カメラでは 0℃ 以下の温度での計測値が示されます。なお，暗電流はショットノイズを生じるため，画素値のオフセットになるだけではなく，画素値を時間的にランダムに変動させます。
- ダイナミックレンジ〔dB〕：検出可能な光量範囲ですが，入射光量ではなく，画素値で評価されます。イメージセンサのランダムノイズが V_n〔V〕，検出可能な最大信号（非線形性がある場合には線形に直したもの）を $V_{\max}$ とするとき，$20 \log (V_{\max}/V_n)$ で表されます。係数に 20 がついていることに注意してください。
- SNR〔dB〕：ある入射光量に対する平均画素値とそのときのランダムノイズの比を dB で表したものです。光のショットノイズによる画素値のランダムな変動を含みます。平均画素値の大きさによって変わるので，計測条件が明記されます。
- SNR10〔lux〕：イメージセンサのノイズ性能に関する量で，SNR が 10 になる照度〔lux〕です。

2　マルチタップ電荷変調器

　本節では，マルチタップ電荷変調器の基本機能と実装・設計のポイントを説明します。マルチタップ電荷変調器は，要求される時間応答によって構造が変わります。ビデオレート用イメージセンサで要求される時間応答は，どんなに速くてもマイクロ秒程度なのに対し，TOF カメラ/LiDAR 向けではナノ秒からサブナノ秒が必要です。また，電荷変調器とは異なる原理に基づくものとして，直接法 TOF で用いられる SPAD（single photon avalanche diode）を，関連技術として簡単に紹介します。TOF におけるマルチタップ電荷変調器の基本技術と歴史については，文献 [3] を参照してください。

2.1　基本機能と構成

　図 7 に，マルチタップ電荷変調器の機能，駆動波形の例，および構造を示します。電荷変調器は，時間的に変化する光信号について，与えた時間窓に入った光信号の積分値を画素値として出力します。1 つの光信号に複数の時間窓を適用して，時間窓の数だけ画素値を同時に出力するのが，マルチタップ電荷変調器です。この操作は演算回路を用いることなく，電荷領域で行われます。なお，ここでは電子とホールをまとめて電荷と呼びますが，多くの場合は信号として電子を扱います。

　マルチタップ電荷変調器は，1 つのフォトダイオードと複数の電荷蓄積部をもちます。また，フォトダイオードで発生した電荷をいずれかの電荷蓄積部に振り分けるための電荷転送ゲートをもちます。電荷転送ゲートと電荷蓄積部の対をタップと呼びます。

　単位時間当たりの発生電荷量〔C〕が光電流〔A〕なので，数式ではタップの蓄積電荷量を光電流 $i_{ph}(t)$〔A〕で表します。電荷の転送制御信号は通常 2 値で，電圧が高いときに電流を通します。2 値である理由は，製造時に転送特性にばらつきが生じ，アナログ的な電荷転送制御が難しいためです[14]。N タップ

14) プロジェクタに用いられている DMD（digital micro mirror device）が，もともとアナログ変調だったのがデジタル変調に落ち着いた理由に似ています。

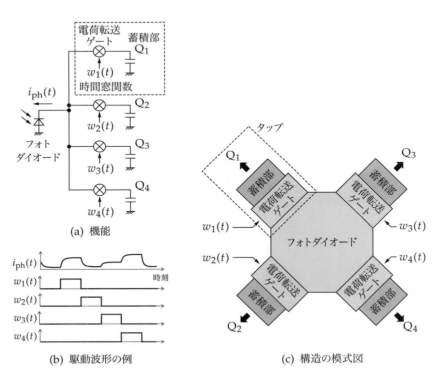

(a)　機能

(b)　駆動波形の例

(c)　構造の模式図

図 7　マルチタップ電荷変調器（4 タップの例）

電荷変調器の場合，タップ i（$i = 1, \ldots, N$）において電荷転送を制御する時間窓関数を $w_i(t)$ とすると，画素値（電荷量）Q_i〔C〕は次式で表されます。ここで T_{exp} は露光時間です。

$$Q_i = \int_0^{T_{\mathrm{exp}}} i_{\mathrm{ph}}(t) \cdot w_i(t) dt \tag{1}$$

電荷転送ゲートは，必ずしもトランジスタのゲートである必要はなく，光電流の流れを制御できる構造であれば何でも構いません。図 8 に 2 タップの場合のポテンシャル制御による電荷転送の概念を示します。この例では電荷蓄積部として FD を用いていますが，フォトダイオードと FD の間に埋め込みダイオード（遮光するので光は感じません）を挟み込んで，そこに電荷を溜める方法もあります。この蓄積部は SD [15] と表記されることがあります。CDS によりリセットノイズが除去できるため，FD に溜める方式よりも画素値のランダムノイズが少なく，暗電流も格段に小さいことが利点です。しかし，溜められる電子数が FD の場合よりも少なくなります。

電荷振り分けは完全電荷転送により行います。そのため，フォトダイオードは完全空乏化しており，電荷蓄積部のポテンシャルは電荷転送時にフォトダイオードの空乏化電位よりも深くなっている必要があります。なお，電荷転送ゲートがすべてオフの場合，電荷はフォトダイオード内に溜まり，次にオンされた蓄積部にまとめて流れ込みます。つまり，光の不感期間は生じません。

[15] storage diode の略。この単語自身に完全空乏化しているという意味はありませんが，FD と区別するために SD と表記されているようです。

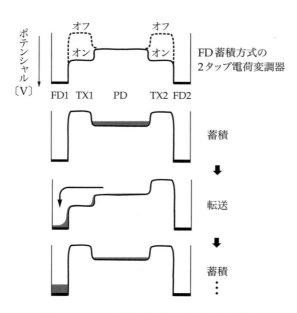

図 8　2 タップ電荷変調器における電荷転送

不感期間を作るためには，電荷を捨てる先であるドレインが必要です。ドレインにはフォトダイオードの空乏化電位よりも高い一定電圧が印加されていて，電子が吸い込まれて消えます。ここではドレインを特殊なタップと考え，電荷蓄積部 1 つ＋ドレインの構成も，マルチタップ電荷変調器と考えることにします。

同時刻に複数のタップに電荷転送することは禁止します。これは，製造誤差やばらつきによってポテンシャルの形状がタップごとに微妙に違うため，転送電荷量がタップによって異なり，制御が極めて困難であることが理由です。

2.2 電荷変調器の設計

16) 汎用デバイスシミュレータとして Synopsys 社の TCAD，イメージセンサ専用シミュレータとしてリンク・リサーチ社の SPECTRA などがあります。

電荷転送を伴う画素設計には，SPICE などの回路シミュレータは使えないので，デバイスシミュレータが利用されます[16]。特に TOF カメラ / LiDAR 用ではナノ秒以下の時間応答が必要とされるため，電荷変調器の設計はそう簡単ではありません。また，製造プロセスの制約を受けるので，シミュレーション結果は良いのに作れない，ということもよくあります。

2.2.1 ドリフトによる電子の移動

半導体内の電子の移動には，ドリフトと拡散があります。電子はポテンシャルの傾き（＝電界）に沿って，ポテンシャルが深い（＝電圧が高い）方向に移動します。これがドリフトです。電子の移動速度は概ね電界の大きさに比例しますが，ある一定値で飽和します。これは速度飽和と呼ばれます [10]。また，電子はシリコン結晶格子の熱振動により常に散乱されているため，電界がない場合（ポテンシャルが平坦な場合）でもランダムウォークで移動します。これが拡散です。

拡散は非常に遅く方向性がないため，電荷変調器では，電子はドリフトで動かすことが基本になります。なお，多少のポテンシャル障壁（potential barrier）は熱エネルギーにより乗り越えることができますが，非常に時間がかかります。また，ポテンシャル形状に窪み（dip）があると，電子はいったんそこにトラップされ，熱エネルギーによりゆっくり出てきます。高速な電荷転送には，ポテンシャル形状における平坦部，窪み，障壁はいずれも避けなければなりません。

2.2.2 不純物によるポテンシャル形状の制御

ポテンシャル形状は，n 型層と p 型層の不純物（ドナーとアクセプタ）の濃度で制御できます。n 型層の不純物濃度が高いと，ポテンシャルは深くなります。したがって，不純物濃度の分布によりポテンシャル形状を制御できます。p 型層はその逆で，高い不純物濃度は電子の移動を妨げるポテンシャル障壁になります。ポテンシャルの深さは，フリンジ電界効果[17]のために形状依存性があ

17) ある領域の縁（fringe）における，隣接領域のポテンシャルの影響のこと。

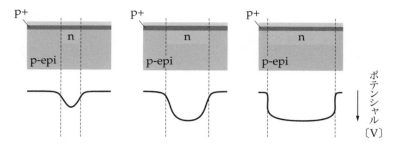

図 9　n 型層の幅とポテンシャル形状の関係

り，図 9 に示すように層の幅に依存します。ポテンシャルは幅方向に U 字型になり，幅が狭くなるとポテンシャルの中央部は浅くなり，幅が広くなると深く，かつほぼ平坦になります。後者の場合，中央部での電子の拡散は広く等方的になるため，移動が非常に遅くなります。

　不純物の濃度・幅・深さによるポテンシャル形状は製造時点で決まるため，電荷の転送先を切り替えるためには，ポテンシャルの形状を動的に変化させる機構を導入する必要があります。そのために，トランジスタのゲートがよく使われます。ゲートに印加する電圧を変えると，その直下のポテンシャルの深さが変化します。

2.2.3　電荷変調器の応答時間

　電荷変調器の応答時間は，フォトダイオード部と電荷変調器の 2 つの要素で決まります。図 10 に示す表面照射型の場合，光はシリコンの表側[18] から入射して，シリコン内部で電子に変わります。長波長ではシリコンの吸収が小さく，光がシリコン基板の深くまで進入するため，そこで発生した光電子は，シリコン表面にある電荷変調器まで移動させなければなりません。したがって，

[18] 配線・トランジスタがある回路側。

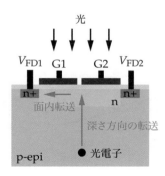

図 10　電荷変調器の応答時間を決める 2 つの要因

深さ方向にも電界がかかっている（＝ポテンシャルが傾きをもつ）必要があります。

2.2.4 設計上の注意点

転送ゲートにトランジスタのゲートを用いる場合，ポテンシャルの形状に注意が必要です。ゲートはほぼ導体なので，いたるところで電位が等しくなっています。ゲートのごく近傍のポテンシャルは，ゲート電圧の影響を強く受けるので，平坦になります。したがって，電子は面内方向にドリフトできず，移動速度が非常に遅くなります[19]。CCD イメージセンサでは，ゲートから少し離れた位置で電子を移動させるように，深さ方向のポテンシャル形状を作り込んでいます[20]。ところで，CCD は複数のゲートを並べて階段状のポテンシャルを作ります。このポテンシャル形状は，ゲートから少し離れるとフリンジ電界効果により平滑化されるため，電子はドリフトで高速に移動します（図 11）。ただし，ゲートから離れるに従って，ゲート電圧に対するポテンシャルの変化が小さくなり電界が小さくなるので，適切な設計が必要です。

ポテンシャル障壁を意図的に作ることも重要です。あるタップに電荷を転送しているときに，他のタップに電荷が漏れ出すことは防がなければなりません。そのためには，非選択タップとフォトダイオードの間に十分なポテンシャル障壁[21]を作る必要があります。シリコン深部で生じた光電子の電荷蓄積部への予期しない混入を防ぐことも重要です。そのために，深さ方向に p 型層の構造が作られます（たとえば文献 [12, 13] など）。

[19] この問題を回避するために，高抵抗ゲートを適用してゲート内の電圧分布に傾斜をもたせる方法もあります [11]。

[20] 埋め込みチャネルと呼ばれます。

[21] 最低 300 mV 程度といわれています。

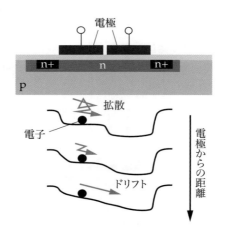

図 11　CCD における電極からの距離とポテンシャル形状の関係

2.3 性能指標

2.3.1 電荷変調器

電荷変調器の性能指標として，通常のイメージセンサのものに加え，変調の速さとタップ間のクロストークがあります。電荷変調スピードは，特に後述の AMCW 方式間接法 TOF では，変調コントラスト C_{mod} [22] で評価されます。これは，ある周波数で強度を時間変調した光を電荷変調器で復調して検出したときに得られる最大画素値 Q_{max}，最小画素値 Q_{min} を用いて，コントラスト $(Q_{max} - Q_{min})/(Q_{max} + Q_{min})$ で定義されます。コントラストが高いほど，応答スピードが速いことを意味します。応答スピードを時定数で表す場合もあります（たとえば文献 [14]）。なお，製造時のマスクずれや不純物の注入量のばらつきなどにより，電荷転送特性はタップごとに異なります。そのため，タップ間の特性のばらつきに目を配ることも重要です。また，光学的，電気的な理由により，信号が他のタップに漏れます。ドレインについても，完全に電子を捨てることは困難です。このようなタップ間のクロストークも，重要な性能指標の 1 つです。これは，信号に対するクロストークの割合〔%〕で表されます。

22) TOF において電荷変調器は復調を行うので，demodulation contrast と表記されることもあります。

2.3.2 SPAD

SPAD の場合には，時間分解能はジッタ（jitter）で評価されます。これは，光パルスの入射タイミングを基準として，SPAD の出力パルスのタイミングがどれくらい時間的に広がるかを示す指標です。感度に関する量として，量子効率ではなく，入射 1 光子当たりの雪崩増倍の発生確率である光子検出効率（photon detection efficiency; PDE）が用いられます。暗電流の代わりに，暗状態での出力パルスレート（dark count rate）が用いられます。また，雪崩増倍が起こると一定の確率でアフターパルス（after pulse）が生じるので，その確率〔%〕も表記されます。アフターパルスは，雪崩増倍中に生成される大量の電荷の一部が結晶欠陥に捕獲され，その後放出されるために起こります。電荷の放出はランダムな過程ですが，ある時定数をもつため，光入射から時定数程度遅れた時刻に電荷が放出されて SPAD が雪崩増倍を起こします。

2.4 ビデオレート向け電荷変調器の実装例

2.4.1 スタンフォード大学

図 12 に 2 タップの画素レイアウトの例を示します。スタンフォード大学の Wan，Levoy らは，電荷転送と蓄積を 1 つのゲートで制御する方法を用いています（図 12 (a)）[15]。フォトダイオードで発生した電子をゲート SG1，SG2

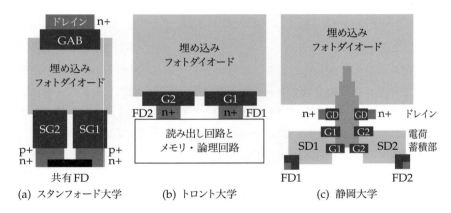

図 12　ビデオレート程度向けの電荷変調器の例

の下に溜めます。ゲート電圧は 3 レベルで制御します。高レベル（約 4 V）の
ときにフォトダイオードから SG1（または SG2）に電荷を転送します。電荷
転送しない場合には，中レベルの電圧（1～1.5 V）をかけます。蓄積した電荷
を FD に転送して画素値を読む場合には，低レベルの電圧（～0.5 V）を印加し
ます。

2.4.2　トロント大学

　トロント大学の Sarhangnejad, Kutulakos, Genov らの画素は，FD に電荷
を蓄積します。電荷転送を画素単位で制御するために，画素内にデジタルメモ
リと論理回路をもちますが（図 12 (b)）[16]，その割には画素ピッチは 11.2 μm,
フィルファクタは 45.3% と小さく収まっています。FD 蓄積のため，リセット
ノイズが除去できず，画素値のランダムノイズが大きいことと，暗電流が大き
いことが課題です。FD 蓄積を SD 蓄積に変更することは，画素設計としては難
易度が上がりますが，十分可能です。原理を実証するために，まず FD 蓄積か
ら始めるのは良い方法といえます。

2.4.3　静岡大学

　静岡大学の Cao，川人らの画素は，あとで説明するように，低デューティ比
のパルス光と組み合わせて使うように設計されています（図 12 (c)）[17]。次に
説明する LEFM という電荷変調器を用いて，1 回の露光時間を 500 ns 程度に短
縮しています。また，わずかな光量の変化を捉えるために，電荷を SD に蓄積
する方式を採用し，CDS により低ノイズ化しています。

間接法 TOF に用いられる代表的な電荷変調器を紹介します。

2.5.1　フォトゲート

最も歴史がある電荷変調器は，フォトゲート（PG）を用いたものです。図 13 (a) はジーゲン大学の Schwarte らが提案した PMD（photonic mixing device）[18] の断面図です。フォトゲート PG1，PG2 に印加する電圧を変えることで，

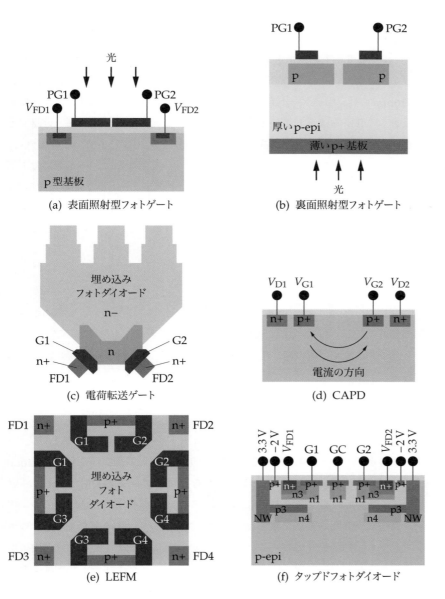

(a) 表面照射型フォトゲート

(b) 裏面照射型フォトゲート

(c) 電荷転送ゲート

(d) CAPD

(e) LEFM

(f) タップドフォトダイオード

図 13　間接法 TOF 用の電荷変調器の例

浮遊拡散層 FD1 または FD2 に電荷を転送します。

図 13 (b) は Microsoft の Bamji らによるもので，フォトゲートを裏面照射型にしています [11]。光がゲートを透過しないので，それによる損失はありません。CMOS プロセスでは，電荷転送効率が高い本格的な CCD を作製することは難しいですが，画素内で数段電荷を転送するくらいであれば，似た構造を作ることができます。320 MHz と非常に高い変調周波数を達成しています。

2.5.2 電荷転送ゲート

4T 画素の電荷転送ゲートを利用したものもあります。もともとは，この方式はフォトダイオード内にポテンシャル勾配を作りにくく，高速電荷転送には向いていませんが，いくつかの工夫がなされています。Fondazione Bruno Kessler の Stoppa らは，転送ゲートをフォトダイオードの内側まで伸ばすことで，変調周波数 50 MHz を達成しています [19]。また，受光部と電荷変調部を分離することで，感度とスピードを両立する設計もあります（図 13 (c)）。この方式は，フォトダイオードの n 型層の形状と濃度により，電荷変調部がある画素の下部まで電子を高速に転送します [20]。なお，フォトダイオード部が小さくなると，それだけ電荷転送は容易になります。画素サイズが小さい TOF イメージセンサでは，電荷転送ゲート方式に SD 蓄積を用いてリセットノイズを抑える方法が増えてきているようです [21]。

2.5.3 CAPD

CAPD（current assist photonic demodulator）は，電流の向きで電荷転送を制御します [22]。図 13 (d) は SONY の蛯子らが発表したものです。V_{G1} と V_{G2} の 2 端子間に流す電流の向きにより，光電子を V_{D1} または V_{D2} に移動させて蓄積します [23]。

2.5.4 LEFM

静岡大学の安富・川人らは，フォトダイオードをゲート対で挟み込むことで，その間のポテンシャルの深さを制御するラテラル電界制御電荷変調器（lateral electric field charge modulator; LEFM）を提案しています [24]。図 13 (e) は 4 タップ電荷変調器の例です [25]。埋め込みフォトダイオードを用いていますが，表面の高濃度 p 型層の濃度が低く設定されており，フォトダイオードのポテンシャルが動きやすくなっています。この方式は，フォトダイオード内にポテンシャル勾配を作りやすいのが利点ですが，フォトダイオードが大きくなると，ゲートから離れた場所のポテンシャルが制御しにくくなります。

2.5.5 タップドフォトダイオード

LEFM よりもフォトダイオードを大きくしやすい方式として，静岡大学の同じグループからタップドフォトダイオードが提案されています [26]。図 13 (f) [27] は 4 タップの例の断面図です（表示されているのは 2 タップだけです）。埋め込みフォトダイオードは通常 1 つの高濃度 p 型層で覆われており，電圧は 0 V に固定されています。これを複数の島に分割し，別々に電極を取り付けて，異なる電圧を与えることで，フォトダイオード内のポテンシャル形状を制御します [28]。高濃度 p 型層の電極間に電流が流れないように，ポテンシャル形状が作り込まれています。

2.6　SPAD

SPAD [29, 30] は直接法 TOF で用いられるフォトダイオードで，電荷変調器とは動作・回路構成ともにまったく異なります [31, 32]。図 14 に SONY の熊谷らによる例を示します [33]。SPAD を用いたイメージセンサは，通常の CMOS イメージセンサと異なり，ほぼすべてがデジタル回路で構成されます。

SPAD は，フォトダイオードをガイガーモード（Geiger mode）で動作させることで，光電子を利得 ∞ で検出します。1 光子から生まれた 1 電子が雪崩増

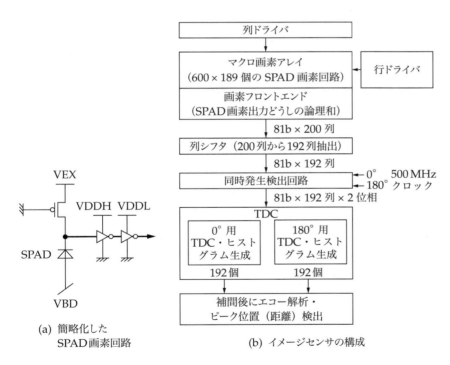

(a) 簡略化した SPAD 画素回路

(b) イメージセンサの構成

図 14　SPAD を用いた画素とイメージセンサの構成

倍を起こし，フォトダイオードのカソード電位を大きく変化させます。4T画素の変換ゲインが通常 $100\,\mu\mathrm{V}$ 前後なのに対して，SPADでは V のオーダーでカソード電圧が変化するため，1つの電子が1つのデジタルパルスに変換されます。その後カソード電圧はクエンチング回路（図 14 (a) の PMOS トランジスタ）により元の状態に戻ります。ただし，SPAD 内で光電子が発生しても 100% 雪崩増倍を起こすわけではないことに注意してください。

SPAD は，雪崩増倍を起こすと，その後しばらく光を検出できない不感時間（dead time）が生じます。光子入射イベントを取り逃がさないために，通常は複数の SPAD をひとまとまりのマクロ画素として扱い，マクロ画素内の SPAD 出力の論理和をとったものを後段で処理します。図 14 では，3×3 の SPAD で 1 つのマクロ画素を構成しています。文献 [32] では，マクロ画素で検出されたパルスは，SPAD のダークカウント（dark count）[23] と環境光によるパルス出力を低減するために同時発生検出回路（coincidence detection circuit; CDC）を通り，time-to-digital 変換器（TDC）により光飛行時間がデジタル値に変換されます。その値をもとに光飛行時間のヒストグラムを作成します。後段には，ヒストグラムからピーク（エコー）を検出し，補間[24] によりピーク時刻を正確に求める回路があります。

3　時分割多重イメージングによるアクティブイメージングへの応用

マルチタップ電荷変調器を用いた CMOS イメージセンサを，マルチタップ CMOS イメージセンサと呼びます。このイメージセンサの応用例として，アクティブイメージングを紹介します [34]。

アクティブイメージングは，照明条件を能動的に制御しながら，それに同期して撮像した複数の画像から，計算により被写体の情報を画像化する方法です。個々の照明条件をマルチタップ CMOS イメージセンサのタップに対応させて撮像するとともに，照明サイクル（＝露光サイクル）を何回も繰り返して，多重露光により信号レベルを大きくします。また，タップの1つを照明光のない環境光に対する撮像に割り当てて他のタップの画像から差し引くことで，環境光の影響を低減します。

この方法は，以前からパルス方式間接法 TOF イメージセンサで利用されています [35]。マルチタップ CMOS イメージセンサは，露光サイクルの周波数と，画像をイメージセンサから読み出すフレームレートとを別々に設定することができるため，画像読み出しフレームレートを上げることなく機能的な撮像を実現します。

[23] 暗電流による雪崩増倍。入射光に無関係です。

[24] SONY の例では FIR フィルタが用いられています。

3.1 マルチタップ電荷変調器による時分割多重イメージング

アクティブイメージングにおける制御パラメータとして，光源の波長・位置・位相，投影パターンなど，さまざまなものが考えられます。ここでは，4 タップ電荷変調器と 3 つの異なる波長の光源を用いたマルチスペクトル撮影を例に挙げて説明します。

3.1.1 普通のイメージセンサを用いる場合の課題

普通のイメージセンサを用いても，LED を順番に発光させてそのたびにシャッターを切れば，3 枚の分光画像が得られます。しかし，被写体が動いている場合，波長ごとに物体位置が変わります。基本的に，アクティブイメージングの信号処理は物体が静止していることを前提としているため，モーションアーティファクトが顕著に生じます。また，暗室で計測しなければ環境光がオフセットとなり，正しい結果が得られません。これらの問題を解決するには，1) 環境光のみの画像を併せて撮像して他の画像から減算する，2) フレームレートが高いイメージセンサを使い，露光時間を短くして動きの影響を減らす，といった方法が考えられます。しかし，フレームレートが高いイメージセンサを使うと，蓄積時間が短くなる分だけ画像が暗くなります。必ずしも高いフレームレートを必要とせず，単にモーションアーティファクトを抑制できればよい場合には，マルチタップ CMOS イメージセンサは良い解となります。

3.1.2 マルチタップ電荷変調器による実現

図 15 に示すように，各照明条件（ここでは照明光源波長）をタップに割り当てます。つまり，照明条件ごとに別のタップで撮像して，タップ数と同数の画像を得ます。ここでは 4 タップ＋ドレインの電荷変調器を想定しています。照明・露光の単位を時間スロットと呼び，各タップ 1 回ずつの照明・露光の繰り返し単位をサイクルと呼ぶことにします。このサイクルを M 回繰り返します。各タップは光信号を電荷として溜めるので，繰り返し電荷を転送して（普通のカメラでいうとシャッターを切って）画素内に信号を蓄積します。これはカメラの多重露光に対応します。その後，ドレインをオンにして，フォトダイオードから電荷蓄積部に電荷が漏れ出さない状態で，画像をイメージセンサ外に読み出します。

撮像手順は以下のとおりです。まず，全タップの蓄積電荷をリセットします。次に，時分割多重で照明条件を切り替えながら，対応するタップに電荷を転送します。これを繰り返すことで，信号が電荷として画素内に加算されていきます。この照明・露光サイクルを M 回繰り返すと，信号は M 倍になりま

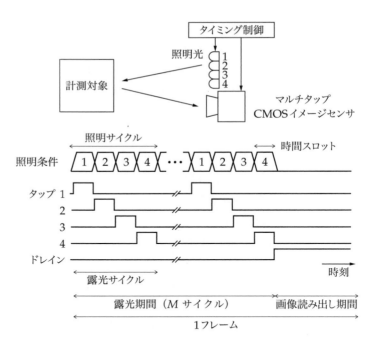

図 15　マルチタップ CMOS イメージセンサを用いた時分割多重アクティブイメージング

す。設計によりますが，時間スロットはマイクロ秒程度まで短くすることができます。

3.1.3　モーションアーティファクトの低減

25) 全画素について同じタイミングで露光します。

26) 撮像できない無効時間が極力短くなるように工夫されたものもあります。

　電荷変調器は通常，グローバルシャッター方式[25] で駆動するので，一定時間露光した後に，画像を行単位に順次読み出します。読み出し中は露光できません[26]。ビデオレートの 1 フレーム時間を 33 ms とします。仮に読み出し時間を 5 ms とすると，28 ms が露光に使えます。全露光時間を一定とすると，1 回の露光サイクルは 28/M〔ms〕となります。タップ間の露光タイミングの時間差も 1/M になるので，M を十分大きくとれば，1 回の露光サイクルにおいて被写体の動きは無視できます。ここで，M 回露光を繰り返しているうちに物体が動くので，画像には動きぶれが生じますが，それはすべてのタップでほぼ同じになります。つまり，モーションアーティファクトは生じません。また，M を増やしてもフレームレートは変わらないので，高速に大量の画像をイメージセンサから読み出す必要はありません。

3.1.4 環境光によるショットノイズの低減

環境光の影響を低減したい場合は，光源をすべてオフにして環境光のみによる画像を１つのタップで撮像して，他のタップの画像から減算します。ただし，環境光によるショットノイズは残存するので，できるだけ環境光を低く抑えたほうがよいことに変わりはありません。この問題を解決する方法として，照明光源の発光とイメージセンサの露光を低デューティ比で行う方式が提案されています [17]。このような条件で駆動すると，LD や LED の発光ピーク強度を高められることが知られています。電荷変調器のシャッターを光源が発光するタイミングで一瞬だけ開き，それ以外の期間は環境光による電荷をドレインすることで，環境光に対する信号光の比を拡大できるので，環境光のショットノイズが大幅に低減されます。

3.1.5 高フレームレートカメラに対する利点

最近の CMOS イメージセンサはフレームレートが高くなっているので，グローバルシャッター方式の高フレームレートカメラを使っても，同様のことができそうです。ここで注意すべきことは，イメージセンサは画像を読むたびに読み出しノイズと呼ばれる回路ノイズを生じることです。M 回画像を読み出して加算した場合，イメージセンサ内で M 回多重露光して１回読んだ場合よりも，回路の読み出しノイズの電力は M 倍（振幅は $\sqrt{M}$ 倍）大きくなります。高フレームレートが本質的に必要な場合を除き，マルチタップ CMOS イメージセンサを使うほうが，SN 比の点で原理的に有利です。また，マルチタップ CMOS イメージセンサを用いると，露光サイクルの周波数を読み出しフレームレートと別に設定できるため，撮像システムの設計自由度が高まります。

3.2 構造光投影を用いた応用例

時分割多重イメージングの応用として，構造光投影による吸収・散乱係数イメージングについて紹介します [34]。

生体などの散乱体における光の振る舞いは，吸収係数 μ_a〔mm^{-1}〕，散乱係数 μ_s〔mm^{-1}〕，非等方性散乱パラメータ g，屈折率 n によって決まります。また，見かけ上の散乱係数（換算散乱係数）μ'_s〔mm^{-1}〕は $\mu'_s = (1 - g)\mu_s$ で表されます。生体の屈折率は既知として，μ_a, μ'_s の分布を求め，代謝に関係するヘモグロビン濃度や火傷を負った皮膚の状態を計測する手法が研究されています。

3.2.1 空間周波数領域イメージング（SFDI）

被写体に正弦波パターンを投影して計測した振幅反射率から μ_a, μ'_s を画像化する方法として，空間周波数領域イメージング（spatial frequency domain

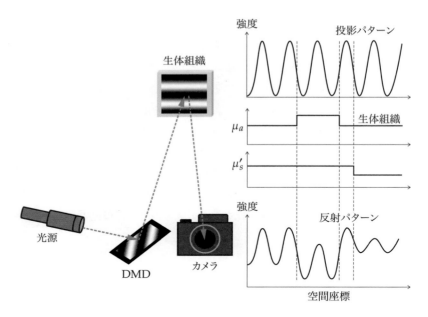

図 16　空間周波数領域イメージング（SFDI）

imaging; SFDI）が提案されています（図 16）[36, 37]。これは，変調伝達関数（modulation transfer function; MTF）が μ_a, μ'_s に依存することを利用して，被写体の各点で計測した伝達関数から μ_a, μ'_s を推定する方法です。被写体が 1 層のバルクでモデル化できる場合には，$0\,\mathrm{mm}^{-1}$（一様照明）と $0.1\,\mathrm{mm}^{-1}$ の 2 つの空間周波数がよく用いられます。推定には，あらかじめ理論式やモンテカルロシミュレーション [38, 39] により μ_a, μ'_s に対する MTF のルックアップテーブル（LUT）を作っておき，それを逆引きする方法や，機械学習を用いる方法が利用されます [40]。

　振幅反射率の基本的な計測法として，3 ステップ位相シフト法が用いられます。3 種類の空間位相 $(0, 2\pi/3, 4\pi/3)$ について正弦波パターンを被写体に投影し，それぞれの反射画像を撮像します。これらの画素値を $Q_1(x, y)$，$Q_2(x, y)$，$Q_3(x, y)$ とすると，空間周波数 $0\,\mathrm{mm}^{-1}$ と 0 ではない空間周波数に対する反射振幅 $M_{\mathrm{dc}}, M_{\mathrm{ac}}$ は，それぞれ以下のように表されます。

$$M_{\mathrm{dc}} = \frac{1}{3} \left(Q_1(x, y) + Q_2(x, y) + Q_3(x, y) \right) \tag{2}$$

$$M_{\mathrm{ac}} = \left(\frac{\sqrt{2}}{3} \right) \sqrt{\Delta_{12}^2 + \Delta_{23}^2 + \Delta_{31}^2} \tag{3}$$

$$\Delta_{ij} = Q_i(x, y) - Q_j(x, y) \tag{4}$$

3.2.2 4 タップ電荷変調器による SFDI の実現

基本的な SFDI では，最低 3 つの投影パターンを用いるため，投影中に被写体が動くと大きな計測誤差が生じます．また，環境光も誤差の原因となるため，撮影は暗室で行う必要があります．この問題をマルチタップ CMOS イメージセンサにより解決できます．4 タップ電荷変調器を用いる場合，4 タップそれぞれに無照明（環境光）と 3 つの空間位相に対する投影パターンを割り当てます（図 17）．これを M 回繰り返して，4 枚の画像を読み出します．

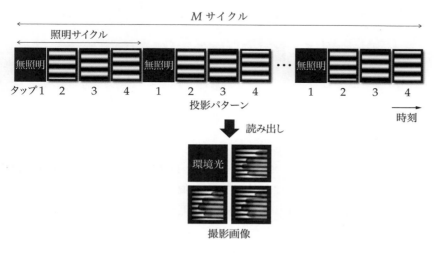

図 17　4 タップ CMOS イメージセンサを用いた SFDI の照明シーケンス

3.2.3 実験結果

図 18 と図 19 に，それぞれ実験光学系の構成と計測結果を示します．空間周波数 $0.1\,\mathrm{mm}^{-1}$ の正弦波を 3 段階に位相をずらしながら DMD（digital micro mirror）に表示し，これに $850\,\mathrm{nm}$ の LED 光源で照明を当てて計測対象上に投

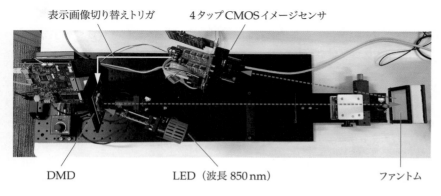

図 18　4 タップ CMOS イメージセンサを用いた SFDI 実験系

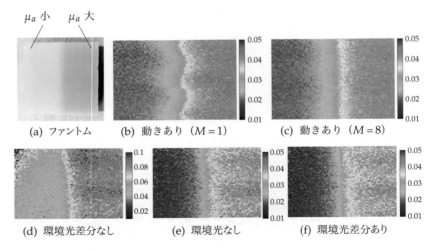

μ_a 小　μ_a 大

(a) ファントム　　(b) 動きあり（$M = 1$）　　(c) 動きあり（$M = 8$）

(d) 環境光差分なし　　(e) 環境光なし　　(f) 環境光差分あり

図 19　4 タップ CMOS イメージセンサを用いた SFDI の実験結果。(b)〜(f) は
推定した吸収係数 μ_a〔mm^{-1}〕のマップ。

影します。4 タップ CMOS イメージセンサと DMD は，カメラの FPGA で制
御します。鏡面反射成分を除去するために，偏光フィルタを投影レンズの後ろ
と撮像レンズの前にクロスニコル配置で挿入しています。

図 19 (a) のシリコーンゴム製ファントムの吸収係数 μ_a を計測しました。こ
のファントムは左右で吸収係数が異なっています。ファントムを横方向に動か
した場合の計測結果が図 19 (b), (c) です。それぞれ $M = 1, 8$ としました。露光
サイクルの長さを短縮してその分繰り返し露光することで，中央部のうねりが
低減されていることがわかります。図 19 (d)〜(f) は，環境光差分の効果を確認
したものです。(e) が環境光のない基準で，(d), (f) はそれぞれ環境光差分なし／
ありです。差分なしの場合に大きな誤差が生じていることがわかります。

7 タップあれば，環境光を計測しながら 2 波長に対して SFDI を適用できま
す。この場合，酸素化／脱酸素化ヘモグロビン量を推定できるため，組織酸素飽
和度の分布を画像化できます。なお，皮膚にはメラニンを含む 3 つの主要な色
素が存在するため，正確な計測には 3 波長以上が必要です。

3.3　その他の例

最初にコンピューテーショナルフォトグラフィ用と銘打ってマルチタップ CMOS
イメージセンサを発表したのは，スタンフォード大学のグループだと思われま
す [15]。2 タップ電荷変調器により，フラッシュあり／なしの画像の合成，短時
間・長時間露光画像を合成した HDR イメージングなどを実証しています。ま
た，トロント大学のグループは，ドレインなし 2 タップ電荷変調器に加えて画素

内のデジタルメモリで露光を制御するイメージセンサを開発し，構造光投影に
よる 3 次元形状の計測と，フォトメトリックステレオ [41] による面方位イメー
ジングを行っています [16, 42]。これらのイメージセンサは，いずれも電荷転送
ゲートを用いた電荷変調器を利用しています。

　静岡大学のグループが開発したパルス方式間接法 TOF 用 CMOS イメージセ
ンサを，アクティブイメージングに流用した研究もあります。前述の SFDI だけ
ではなく，モーションアーティファクトが生じないフォトメトリックステレオ
にも適用されています [43]。また，照明を制御しない，アクティブイメージング
以外の例として，高速にフォーカスを掃引する TAG（tunable acoustic gradient
index）レンズを用いた拡張被写界深度撮像とデプスマップ推定 [44]，レーザー
スペックルコントラストを用いた血流イメージング [34] などにも応用されてい
ます。

　静岡大学のグループは，低デューティ比の照明・露光を前提とした低ノイズ
ドレイン付き 2 タップ CMOS イメージセンサも開発しています [17]。これは，
顔画像から脈波を計測して，車のドライバーモニターに利用することを目的と
しています。環境光による画素値のゆらぎを低減して，脈波による顔の反射率
のわずかな変化を検出します。

4　符号化露光による時間・空間の圧縮

　コンピュテーショナルイメージセンサという名称を誰が最初に使ったのかは
定かではありませんが，1990 年代半ばには，CCD によるコンピュテーショナ
ルイメージセンサが発表されています [45]。本節では，コンピュテーショナル
フォトグラフィ専用に設計したマルチタップ電荷変調器に基づくコンピュテー
ショナル CMOS イメージセンサを紹介します。以降，単にコンピュテーショナ
ル CMOS イメージセンサと呼ぶことにします。

　コンピュテーショナルフォトグラフィ（またはコンピュテーショナルイメー
ジング）は，後処理を行うことを前提として撮像を行います。撮像系では，光学
的な手法による線型演算などの低レベル信号処理がよく用いられます。通常の
撮像とは異なり，イメージセンサが出力する生画像は，人が見てもよくわから
ないものであることがほとんどです。圧縮サンプリングは，コンピュテーショ
ナルフォトグラフィでよく用いられる信号サンプリング法で，原信号をある符
号との重み付き線型和により圧縮します。信号圧縮を積和演算だけで行うため，
JPEG 符号化方式で用いられているような離散コサイン変換やハフマン符号化
などの複雑な処理がいりません。さらに，アナログ/デジタル回路による信号処
理ではなく，光や電子の物理現象を使って信号圧縮できることが魅力です。画

素内で光電子そのものを使って信号圧縮するコンピュテーショナル CMOS イメージセンサも開発されており，イメージセンサの小型化，低消費電力化だけではなく，性能向上にも有効です。

4.1　圧縮サンプリングとイメージセンサの高性能化

4.1.1　定式化

まず，圧縮サンプリング [46, 47, 48] について簡単に説明します。入力となる被写体の光信号（原信号）を $\mathbf{x}$，レンズなどの光学系による像形成とイメージセンサによる露光を表す観測行列を $\mathbf{A}$，イメージセンサの出力信号（計測信号）を $\mathbf{y}$ とすると，これらの関係は次式で表されます。もちろん $\mathbf{x}$ と $\mathbf{y}$ の間に線型性が仮定できることが前提です。

$$\mathbf{y} = \mathbf{A}\mathbf{x} \tag{5}$$

ここで，$\mathbf{A}$ は結像系（結像しなくても構いません）の点像分布関数（point spread function; PSF）や，CMOS イメージセンサの露光パターンを含みます。$\mathbf{x}, \mathbf{y}$ はそれぞれ α 次元，β 次元です。$\alpha > \beta$ のときに信号は圧縮されて，不良設定問題となります。しかし，$\mathbf{x}$ がスパース性（α 個の要素のうち K 個の要素が非 0 で，その他は 0）をもつとき，L1 ノルムを最小化することで $\mathbf{x}$ が求められることが知られています。すなわち，以下のような最適化を行うことで，推定解 $\hat{\mathbf{x}}$ が得られます。

$$\hat{\mathbf{x}}^{(\mathrm{L1})} = \arg\min_{\mathbf{x}} \|\mathbf{x}\|_1 \quad \text{subject to} \quad \mathbf{y} = \mathbf{A}\mathbf{x} \tag{6}$$

L1 ノルムの代わりに全変動（total variation; TV）もよく使われ，その場合は次式で推定します。ただし，$\mathbf{D}_i$ は要素 i についてその近傍との差分をとる演算子です。

$$\hat{\mathbf{x}}^{(\mathrm{TV})} = \arg\min_{\mathbf{x}} \|\mathbf{D}_i\mathbf{x}\|_1 \quad \text{subject to} \quad \mathbf{y} = \mathbf{A}\mathbf{x} \tag{7}$$

4.1.2　露光符号

普通のカメラだと，$\mathbf{A}$ は，空間についてはレンズの回折と収差（時としてデフォーカスも加わります）による広がりを含む結像関係を，時間についてはシャッターの開閉を表現する矩形関数からなります。それに対し，符号化露光では，$\mathbf{A}$ において時間または空間（あるいは両方）にランダムな 2 値のパターンを適用します。ここで，符号とは，0（露光しない，光を通さない），1（露光する，光を通す）を指します。図 20 に示すように，行列 $\mathbf{A}$ の各行ベクトル $\mathbf{a}_i$

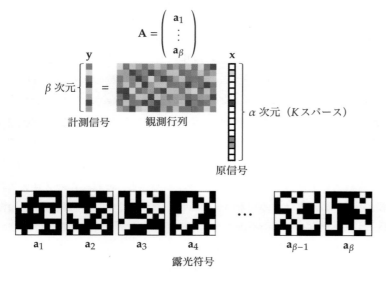

$$\mathbf{A} = \begin{pmatrix} \mathbf{a}_1 \\ \vdots \\ \mathbf{a}_\beta \end{pmatrix}$$

β 次元　計測信号　観測行列

$\mathbf{y}$　$\mathbf{x}$

α 次元（K スパース）

原信号

$\mathbf{a}_1$　$\mathbf{a}_2$　$\mathbf{a}_3$　$\mathbf{a}_4$　$\cdots$　$\mathbf{a}_{\beta-1}$　$\mathbf{a}_\beta$

露光符号

図 20　圧縮サンプリング

は原信号 **x** を観測するための異なる露光符号であり，$\mathbf{a}_i$ に対する計測値が y_i になります。つまり，**x** と $\mathbf{a}_i$ の内積を計測します。圧縮信号を復元するには，**A** の行ベクトルも列ベクトルも要素間の相関性が低いことが要求されるため，露光符号として 2 値ランダムパターンがよく用いられます。露光符号は必ずしも 2 値である必要はないかもしれませんが，2 値は光学的にも電気的にも実装しやすいという利点があります。

　露光符号は，ある時刻またはある空間座標におけるマルチタップ電荷変調器のあるタップへの電荷転送に対応します。0 のときは電荷転送せず，1 のときは電荷転送して信号を電荷蓄積部に溜めます。

　イメージセンサの入力信号は，基本的には光強度の空間 2 次元と時間 1 次元の 3 次元情報です。波長やライトフィールドを考慮して，4 次元，6 次元と拡張することもできますが，ここでは時空間 3 次元のみを考えます。以下で紹介するように，空間または時間軸に対して信号圧縮するコンピュテーショナル CMOS イメージセンサが開発されています。

　イメージセンサにおいて最も重要な数値は画素数，フレームレート，SN 比ですが，モバイルや IoT 応用を考えると，消費電力が小さいことも重要です。また，製造コストを考えると，センサチップ面積は小さいほうが有利です。圧縮サンプリングはこれらの仕様・性能を向上させます。

4.2 空間圧縮

SONY の大池らが開発した空間圧縮を行う高フレームレート CMOS イメージセンサの原理を，図 21 に示します [49]。ただし，通常の 4T 画素を用いており，マルチタップではありません。空間圧縮はある時刻の入力画像信号に対して行うので，図 20 における **x** はある時刻の 1 枚の画像であり，a_i は画像を分割した各ブロックに適用する空間的な露光符号になります。ここで，画像とは，各画素の入射光量に応じた出力電圧信号の集合を意味します。通常の CMOS イメージセンサと異なり，この信号は直接的にはイメージセンサ外に読み出しません。画素アレイを $N \times N$ 画素のブロックに分割し，それぞれのブロック内で露光符号が 1 の画素はその画素値を加算し，そうでなければ画素値 0 を加算します。これをブロック内の全画素に適用すると，1 ブロックに対して 1 つの圧縮信号が得られるので，これをイメージセンサから読み出します。同じ入力画像に対して，露光符号を変更しながら β 回読み出します。圧縮をブロック単位にしているのは，回路実装を容易にするためです。

CCD イメージセンサと異なり，CMOS イメージセンサの画素信号は電圧です。そのため，電荷領域で空間的な加算を自由に行うことは困難ですが，何度でも非破壊的に電圧信号を読み出すことができます。大池らの方法では，画素の出力電圧信号を加算する回路により，空間信号圧縮を実現しています。このために，$\Delta\Sigma$ A/D 変換器 [50] を用いています。$\Delta\Sigma$ A/D 変換器は，入力信号を

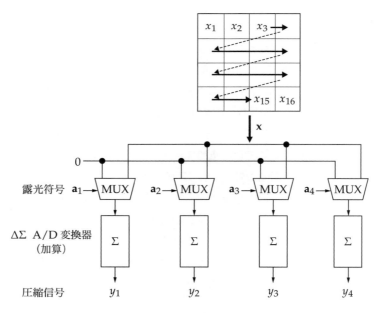

図 21　空間圧縮 CMOS イメージセンサの構成例

変換周波数よりも高い周波数でサンプリングするオーバーサンプリングとノイズシェイピングにより，低ノイズ・多ビットを実現するA/D変換方式で，オーディオによく使われています。このイメージセンサでは，ブロック内の画素の出力電圧を次々と加算することに利用しています。多数の画素値を加算しても飽和の問題がなく，ダイナミックレンジが制限されないことが特徴です。圧縮サンプリングにより，消費電力を低く抑えながらフレームレートを120 fpsから1,920 fpsまで高速化できることが実証されています。

4.3 時間圧縮（圧縮ビデオ）

圧縮ビデオでは，画素ごとに異なる時系列符号を用いて露光することで，画像を画素ごとに時間圧縮します。つまり，図20において $\mathbf{x}$ は時系列画像であり，$\mathbf{a}_i$ は時刻 i に適用する空間的な露光符号です。これにより，各画素の圧縮された画素値を出力します。各時刻の符号を画像として並べると（図22），符号画像を次々と変えて露光し，その多重露光画像を読み出す方式であることがわかります。露光制御は1タップ＋ドレインの電荷変調器で行えますが，タップ数が多いとそれだけ多くの多重露光画像が得られます。つまり，より長い時間の動画像を1枚に圧縮できる，もしくは復元画像の品質を上げることができます。電荷転送制御信号が露光符号となり，時間的な露光符号と光信号の内積（または相関）が画素値になります。この場合，画素値を空間的に加算することはしません。

次項で説明するように，圧縮ビデオのためのイメージセンサがいくつも提案されています。図22，図23にそれぞれに適用可能な露光符号の例と実装例の比較を示します。理想的には完全にランダムな符号を用いたいのですが，それだけ複雑な制御機構（つまり回路）が必要になり，画素と周辺回路が大きくなります。そのため，ランダム性を落とした実装も検討されています。

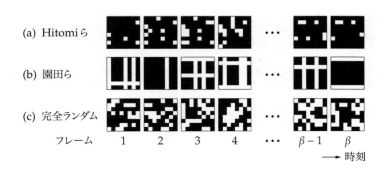

図22　圧縮ビデオの露光符号の例

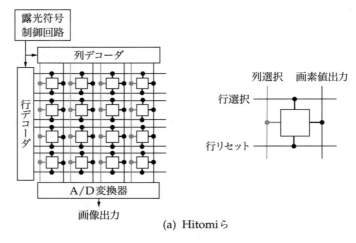

(a) Hitomi ら

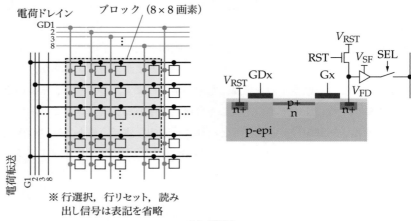

※ 行選択，行リセット，読み
出し信号は表記を省略

(b) 園田ら

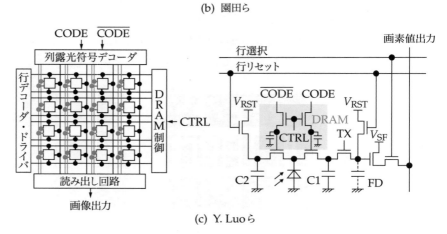

(c) Y. Luo ら

図 23　圧縮ビデオ用 CMOS イメージセンサの例

4.3.1 SONY

SONY の Hitomi らは画素単位で露光開始・終了タイミングを変えられる CMOS イメージセンサを想定し，過剰辞書（overcomplete dictionary）により 1 枚の圧縮画像から 32 枚の連続画像を復元しています[27][51]。なお，これはマルチタップ電荷変調器ではなく，通常の 4T 画素に近いものです。

[27] シミュレーションによる検証のみのようです。

4.3.2 九州大学

九州大学（発表当時）の園田・長原らは，電荷のドレインと転送をそれぞれ列単位，行単位で行う特殊なイメージセンサを用いた実装を提案しています[52]。このイメージセンサは，8×8 画素のブロックから構成されており，全ブロック同一の電荷制御を行います。画素構造は 1 タップ＋ドレインです。これによりランダム性が向上した露光符号を実現しています。

4.3.3 ブリティッシュコロンビア大学

ブリティッシュコロンビア大学の Y. Luo らは，画素内に電荷転送制御信号メモリを設けることで，任意の露光符号を実現する CMOS イメージセンサを開発しています[53]。行単位で符号を書き込んでいくので，画像の上と下で露光タイミングにわずかなずれが生じますが，ビデオレートに対しては十分小さい差です。理想的な露光符号を適用できる一方で，画素サイズが大きくなる，フィルファクタが小さくなる，といった課題もあります。

4.4 超高速イメージセンサと時間分解イメージセンサ

以下では，ナノ秒オーダーの時間分解能をもつ超高速イメージセンサと時間分解イメージセンサについて説明します。

4.4.1 超高速イメージセンサ

超高速イメージセンサ技術の詳細と歴史については，文献 [4] を参照してください。

イメージセンサの画像読み出しには，連続読み出しとバースト読み出しがあります。連続読み出しとは，普通のビデオカメラのように，時々刻々，常に画像を読み出し続ける方法です。一方，バースト読み出しは，イメージセンサ上に一定枚数（数十～数百枚）の画像を記憶するフレームバッファをもたせ，画像をいったんそこに書き込んで，フレームバッファが満たされてから画像を読み出す方法で，超高速カメラで利用されています。

バースト読み出しは，撮像中は画像をイメージセンサ外に読み出さないため，連続読み出しと比べて，フレームレートが劇的に向上し，今までに，毎秒 1 億

枚以上のフレームレートが実現されています。しかし，これは最大瞬間風速のようなものなので，バーストフレームレートと呼び分けることにします。バーストフレームレートの逆数とセンサ上のフレームバッファの保存可能枚数の積で決まる期間に集中的に撮像します。ただし，画像をイメージセンサから読み出している間は撮像できません。このようなイメージセンサでは，画像読み出しのフレームレートは撮像フレームレートであるバーストフレームレートよりもはるかに遅いので，ごく一瞬を部分的に捉えることしかできません。そのため，撮像開始と撮像終了のためのトリガを別に作り，それで撮像タイミングを制御します。高速な破壊現象やプラズマ発生など，単発の超高速の現象の観察で威力を発揮します。なお，1フレームの露光時間はバーストフレームレートの逆数なので，非常に短くなります。毎秒1億枚であれば10 nsです。被写体が非発光体であれば非常に強い照明が必要になりますし，自発光体であれば相当明るくないと何も写りません。

4.4.2 超高速イメージセンサの実装による分類

超高速イメージセンサは，画像信号の記憶方式（電荷/電圧），フレームバッファの配置（画素内/画素アレイ外），圧縮方式（非圧縮/圧縮）などで分類されます。バーストフレームレートの向上は重要な課題ですが，それを妨げるさまざまな要因があります。

図24 (a) のようにCCDをフレームバッファをとして用いる場合 [12, 54]，CCD 1段当たりの電荷転送効率が問題になります。CCDが電荷を次々とバケ

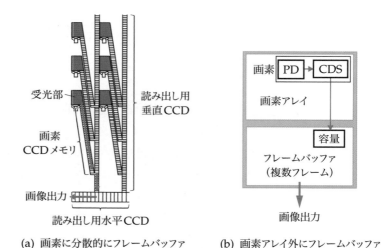

(a) 画素に分散的にフレームバッファ　　(b) 画素アレイ外にフレームバッファ
　　をもつCCDイメージセンサ　　　　　　をもつCMOSイメージセンサ

図 24　超高速イメージセンサの構成例

ツリレー式に転送していく際，電荷量は段数に対して指数関数的に減衰していきます。転送効率を高く保ちながら転送時間を短くすることは，容易ではありません。

図 24 (b) の CMOS イメージセンサ方式 [55, 56] では，画素値を電圧として容量に記憶します。実用レベルの低ノイズを実現するために，1 フレーム露光するごとにアナログ回路により CDS（相関二重サンプリング）を行います。フレームレートを上げるためには，アナログ回路を高速に動かす必要があり，そのためには回路の駆動電流を大きくし，周波数帯域を広げる必要があります。その結果，画素アレイ全体では非常に大きな電流が流れて，消費電力が増えるだけではなく，CDS 回路のノイズ帯域が広がることで読み出しノイズが増加すると考えられます。

4.4.3 時間分解イメージセンサ

超高速イメージセンサと似て非なるものに，時間分解イメージセンサ[28] があります。これは繰り返し起こる現象を対象とするイメージセンサで，TOF カメラ / LiDAR で用いられるイメージセンサはこれに該当します。前述した電荷変調器と SPAD を用いる 2 方式があります。本稿では言及しませんが，蛍光寿命カメラなどでもそうです。

超高速カメラとの違いは，多重露光により信号を増やす点です。画像を読み出すフレームレートは，ビデオレートからその数倍までです。一定時間多重露光した後に画像を読み出します。これは，1 回の光照射では非常に微弱な信号しか得られないためです。ただし，撮像対象は繰り返し起こる現象に限定されます。つまり，被写体が露光時間内に変化しないと仮定できる場合に，光源から何度も光を被写体に照射し，それに同期して電荷変調を行います。同期していれば，光源の波形は矩形パルスでも正弦波でも構いません。受光素子として電荷変調器を用いる場合は電荷として信号を蓄積するため，発光回数に比例して信号レベルが増加します。SPAD の場合はヒストグラムの頻度が増加します。

4.5　符号化露光による超高速イメージング

符号化露光による時間圧縮は，超高速イメージセンサと時間分解イメージセンサの性能を劇的に向上させます。また，多少の制限はありますが，1 つのイメージセンサを両方の目的に使うことができます。本稿の筆者らは，マルチアパーチャ [57, 58] とマクロ画素 [59] を利用した 2 方式の超高速コンピュテーショナル CMOS イメージセンサを開発してきました。本稿では応用性の高いマクロ画素方式を紹介します [60]。

[28] 名称としては「ロックインイメージセンサ」(lock-in image sensor) のほうが一般的かもしれませんが，本稿ではこう呼ぶことにします。

4.5.1 マクロ画素を用いたイメージセンサの構成

図25に，イメージセンサの構造と，撮像・信号復元の流れを示します。画素アレイはマクロ画素と呼ぶ，サブ画素（SP）を複数並べたブロックから構成されます。これは単板カラーイメージセンサにおけるカラーフィルタのベイヤー配列に似ています。ブロック内では，それぞれのサブ画素に異なる露光符号を適用できます。サブ画素としてマルチタップ電荷変調器を用いることで，タップ数だけ適用符号が増えます。

図25はマクロ画素が2×2サブ画素（SP-1〜SP-4）からなり，サブ画素が1つの4タップ電荷変調器をもつ場合です。マクロ画素に合計16種類の露光符号を適用して，タップごとに光信号を時間圧縮します。その結果，サブ画素当たりのタップ数と同数である4枚のモザイク状の画像が得られます。

通常のカメラ用レンズは，絞り開放では収差のためにPSFが大きくなります[29]。これを逆手に取り，光信号を空間的に少し広げてややぼけた画像を撮像することで，1点の情報が近傍にある複数のサブ画素にも入るようにします。イメージセンサから出力された4枚の画像に対し，あらかじめ計測しておいたPSF

[29] 芯をもちながら裾野が広がります。

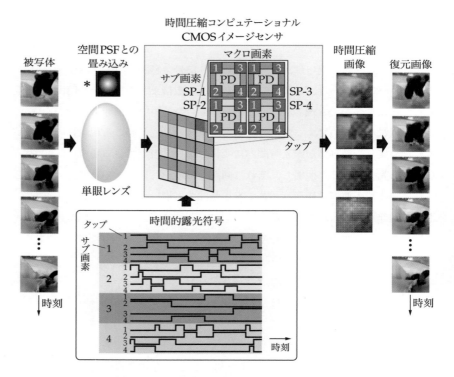

図25　マクロ画素4タップ電荷変調器を用いた超高速コンピュテーショナルCMOSイメージセンサと処理の流れ

と露光符号に対するイメージセンサの時間応答を用いて逆問題を解き，原信号である時系列画像を復元します。

4.5.2 イメージセンサの駆動方法

超高速コンピュテーショナル CMOS イメージセンサのブロック図と駆動タイミングチャートを図 26，図 27 に示します。露光制御はシャッター制御回路が行います。最大バーストフレームレートは，クロック信号 CLK の周波数と同じです。回路全体を高速に動かすと消費電力が増加するため，露光符号は 1 バイト（＝ 8 ビット）ごとに読み出し，それをシフトレジスタによりタップごとに 1 ビットずつ高速に LEFM ドライバに送信します。これにより，シャッター制御回路の大部分は，クロック信号 CLK の 1/8 の周波数で動作します。イメージセンサの設定は，SPI（serial-parallel interface）により行います。これは 2 系統あり，露光符号の書き込みには SPI-1，露光符号長や露光周波数などの動作条件設定には SPI-2 を用います。

図 27 に示すように，露光開始・停止は TRG により制御します。TRG が 1 になると露光符号の読み出しを開始します。RDY 信号は，待機中は 1，露光中は 0 を出力します。露光サイクルの先頭では，SYNC 信号が 1 になります。これは，TOF におけるレーザー発光トリガとして利用します。TRG が 0 になると，

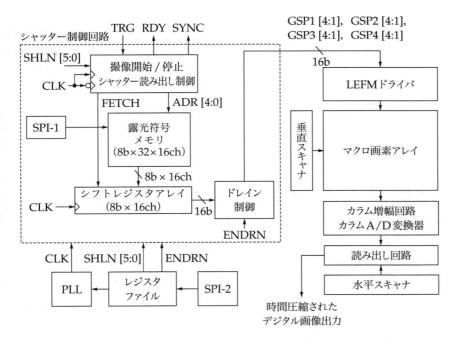

図 26　超高速コンピュテーショナル CMOS イメージセンサのブロック図

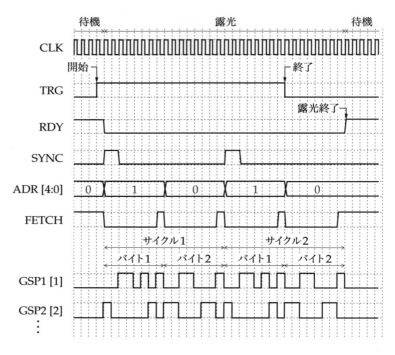

図 27　超高速コンピュテーショナル CMOS イメージセンサの駆動タイミングチャート

露光符号を露光サイクルの最後まで出力してから待機状態に戻ります。その後，通常の CMOS イメージセンサと同様の方法で画像を読み出します。露光を何サイクル繰り返すかは，外部に接続した FPGA などで SYNC のパルス数を数えることで制御します。露光開始後に SYNC パルス数が規定値に達したら，TRGを 0 に下げます。

4.5.3　試作したイメージセンサ

図 28 は，試作したイメージセンサのチップの写真です。随分有効面積が小さく見えますが，試作品なので画素数が少ないことと，設計ミスの発生が怖いのでそこまで切り詰めた設計をしていないことが理由です。このイメージセンサを用いた実験結果は 4.6 項と 4.7 項で示します。

4.5.4　高速化の要点

超高速イメージセンサのバーストフレームレートを向上させるには，設計にいくつかのポイントがあります。第 1 に，アナログ回路は遅い上，ノイズを生むので使わないことです。第 2 に，電荷変調器は駆動回路からは負荷として見え

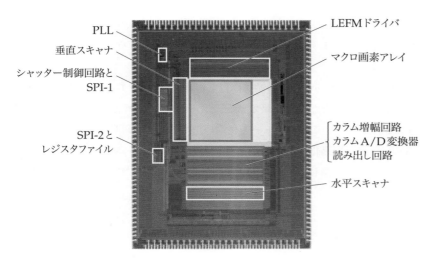

図 28　超高速コンピュテーショナル CMOS イメージセンサのチップの写真

る[30]ので，一度に駆動する素子数を減らすことも重要です。従来の超高速 CMOS イメージセンサは，アナログ回路による CDS と容量への書き込み動作がどうしても必要なので，その性能でバーストフレームレートが制限されます。超高速 CCD イメージセンサは，電荷をバケツリレーするため，駆動素子数を減らせません。

　圧縮サンプリングを用いた画像圧縮は，画素内におけるフォトダイオードから電荷蓄積部への電荷転送で行われるため，アナログ回路もなければ，専用のフレームバッファもありません。こうして前述の 2 つの要件が同時に満たされるため，従来方式に比べて格段にバーストフレームレートが向上します[31]。

4.5.5　課題としてのスキューと解決方法

　超高速イメージセンサと時間分解イメージセンサに共通する課題は，スキューです。電荷変調器間の電荷転送タイミングのずれは，スキューと呼ばれます。これに対し，ジッタはタイミングの時間的なゆらぎを指します。積層技術 [61][32] を用いない場合，電荷変調器の電荷転送制御信号を出力するドライバ回路は，画素アレイの端に置きます。画素アレイの片側だけにドライバ回路を置くと，ドライバ回路からの距離によって制御信号が画素に到達するタイミングがわずかに変わります。これは両側にドライバ回路を置くことで緩和できますが，ドライバ回路から遠い中央部の制御信号が遅れることに変わりはありません。この問題の解決には，積層技術を用いて全画素に均等に制御信号を分配するクロックツリーを作成することが有効と考えられます。加えて，画素アレイ内にロー

[30] 電荷変調方式によりますが，容量または抵抗として見えます。

[31] とはいえ，電荷変調器の開発が難しく，満足できる性能を達成するのに 7 年を要しました。お金も時間もかかることが，イメージセンサ研究の難点です。長年にわたって協力してくれる製造メーカーを見つけることも容易ではありません。

[32] 大量生産されている民生品の CMOS イメージセンサでは広く使われていますが，大学の研究のように少量多品種生産では高嶺の花です。

カルドライバを配置することも効果的 [14] ですが，フィルファクタが低下して光感度が悪くなります。積層技術が利用できれば，もちろんそのような問題は生じません。

1つの入力信号から列数分の制御信号を作るために，クロックツリーという構造が使われます。ただし，回路の特性のばらつきのために，複製された信号間にずれが生じます。このスキューを自動補正する方式も研究されています [25]。筆者らは回路を簡略化するためにスキュー補正回路は用いず，あらかじめ全画素の時間応答を実測して逆問題を解く際に考慮することで，スキューを補正しています。

4.6　TOF カメラへの応用

4.6.1　TOF による距離計測

TOF カメラ / LiDAR は，高速変調光源と時間分解イメージセンサから構成されます。カメラから発した光が物体で反射してカメラに戻ってくるとき，発光から受光までの遅延時間（＝光飛行時間（TOF））は物体までの距離に比例します。この遅延時間をイメージセンサで捉えます（図 29）。

イメージセンサの受信信号の波形は，TOF の方式が直接法か間接法によらず，いずれの場合でも次式で表されます。

$$g(t) = h(t) * L(t) * f(t) \tag{8}$$

ここで，$L(t)$ は光源の波形，$h(t)$ は電荷変調器のインパルス応答です。$f(t)$ は物体までの距離で決まるシーンのインパルス応答です。物体までの距離 d に対応する光飛行時間は $\tau = 2d/c$ となります。ただし c は光速です。カメラのある画素の視線上に反射光が K 個あり，その距離と振幅をそれぞれ d_k, a_k $(k = 1, \ldots, K)$ とすると，$f(t)$ は次式で表されます。

$$f(t) = \sum_{k=1}^{K} a_k \delta(t - 2d_k/c) \tag{9}$$

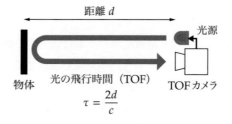

図 29　光飛行時間（TOF）による距離計測

4.6.2 直接法 TOF

直接法 TOF カメラでは $g(t)$ を直接計測します。$L(t)$ として半値全幅がナノ秒程度のインパルス光を用います。また，直接法 TOF イメージセンサの受光素子としてよく用いられる SPAD のインパルス応答 $h(t)$ の時定数は，通常数百 ps と十分短いため，$g(t) \sim L(t) * f(t)$ となり，計測した $g(t)$ に含まれる反射ピークの時刻 τ から物体までの距離 d が決まります。

4.6.3 間接法 TOF

間接法 TOF イメージセンサでは，電荷変調器により複数の復調関数と反射波形の内積（または相関）を計測します。タップ i（$i = 1, \ldots, N$）に適用する復調関数を $w_i(t)$ とすると，画素値（電荷量）Q_i は，

$$Q_i = \int_0^{T_{\exp}} g(t) \cdot w_i(t) dt \tag{10}$$

となります。ただし，$T_{\exp}$ は蓄積時間です。つまり，N 個の復調関数に対する画素値を計測します。比例定数は距離計測では重要ではないので，無視しています。

4.6.4 AMCW 方式間接法 TOF

間接法 TOF の 1 つである AMCW（amplitude modulation continuous wave）方式における光と復調関数の波形を図 30 に示します。4 タップ電荷変調器を想定しており，環境光成分がある場合を描いています。AMCW 方式では，光源の波形と復調関数を以下のように選びます。

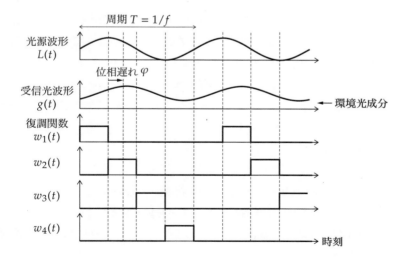

図 30 AMCW 方式間接法 TOF における光の波形と復調関数の波形

$$L(t) = \cos(2\pi f t) + 1 \tag{11}$$

$$w_i(t) = \text{comb}(tf) * \text{rect}\left(fN\left[t - \frac{\phi_i}{2\pi f}\right] - \frac{1}{2}\right) \tag{12}$$

ここで，$\text{comb}(t)$ は間隔 1 の櫛型関数，$\text{rect}(t)$ は幅 1 の矩形関数です．本当は以下のように選びたいところですが，電荷変調器はアナログ的な変調が苦手ですし，負の重みはそのままでは実装できません．

$$w_i(t) = \cos(2\pi f t + \phi_i) \tag{13}$$

カメラの受信光の波形は

$$g(t) = \cos(2\pi f t + \varphi) + 1 + B \tag{14}$$

となります．ただし，B（≥ 0）は環境光によるオフセットを表します．ここでも比例定数は無視しています．ここで，照明光として連続波である単一周波数 f〔Hz〕の正弦波を用いているため，受信光の波形 $g(t)$ も必ず同じ周波数の正弦波になることに注意してください．

4 タップ電荷変調器を用いる場合，照明光の正弦波の位相を $\phi_1 = 0$, $\phi_2 = \pi/2$, $\phi_3 = \pi$, $\phi_4 = 3\pi/2$ と選びます．これらに対して計測した $Q_1, \ldots, Q_4$ から 4 ステップ位相シフト法により位相遅れ φ を計算して，距離 d に換算します [62]．

$$\varphi = \arctan\left(\frac{Q_1 - Q_3}{Q_2 - Q_4}\right) \tag{15}$$

$$d = \frac{c}{4\pi f}\varphi \tag{16}$$

位相シフト法は復調関数が矩形でも成り立ちます．なお，市販されている AMCW 方式間接法 TOF イメージセンサは，2 タップのことが多いようです．この場合，時間窓の幅を周期の半分にして，1 フレーム目では $\phi_1 = 0$, $\phi_2 = \pi$, 2 フレーム目では $\phi_1 = \pi/2$, $\phi_2 = 3\pi/2$ として撮像します．2 フレームで 4 位相分計測するので，フレームレートをビデオレートよりもかなり高くしないと，モーションアーティファクトが発生します．

4.6.5　パルス方式間接法 TOF

パルス方式間接法 TOF における光と復調関数の波形を図 31 に示します．3 タップ＋ドレインを想定し，4 番目のタップをドレインとして使用しています．パルス方式では，周期 T，幅 ρ のパルス光を用います．このとき，復調関数は以下のように選びます．

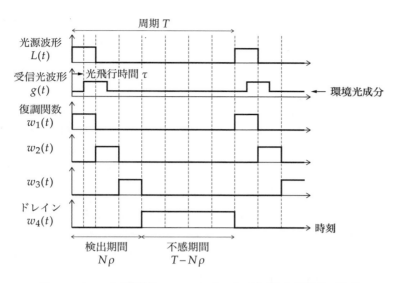

図 31　パルス方式間接法 TOF における光の波形と復調関数の波形

$$L(t) = \mathrm{comb}\left(\frac{t}{T}\right) * \mathrm{rect}\left(\frac{t - \rho/2}{\rho}\right) \tag{17}$$

$$w_i(t) = \mathrm{comb}\left(\frac{t}{T}\right) * \mathrm{rect}\left(\frac{t - (i-1)\rho - \rho/2}{\rho}\right) \tag{18}$$

環境光によるオフセット B を含むカメラの受信光の波形は，光飛行時間を τ とすると，

$$L(t) = \mathrm{comb}\left(\frac{t}{T}\right) * \mathrm{rect}\left(\frac{(t-\tau) - \rho/2}{\rho}\right) + B \tag{19}$$

となります．復調関数 $w_1(t) \sim w_3(t)$ に対する画素値をそれぞれ $Q_1 \sim Q_3$ とすると，距離 d は次式で与えられます．

$$d = \frac{c}{2} \cdot \frac{Q_2 - Q_3}{Q_1 + Q_2 - 2Q_3} \rho \tag{20}$$

ただし，Q_3 が環境光を検出しているとします．

　周期 T において，受信光の波形の全検出期間は $N\rho$〔s〕となり，$T - N\rho$〔s〕は不感期間になります．

　不感期間は環境光に対する耐性に関係します．AMCW では常に光を計測し続けているため，太陽光などの環境光成分も同時に蓄積します．したがって，環境光のショットノイズの影響を強く受けるため，屋外での利用には適していません[33]．パルス方式では，不感期間の環境光は計測されないため，屋外での計測に向いているとされています．しかし，イメージセンサのフレームレートを一定に設定する場合，不感期間を長くすると光源の発光回数が減って信号が

33) 環境光などの DC 成分を差し引きながら電荷を蓄積するイメージセンサもありますが，環境光のショットノイズは減りません．

減少するので，いくらでも長くできるわけではありません。また，検出期間は計測したい距離範囲で決まるので，調整の余地がありません。

4.6.6 直接法 TOF とパルス方式間接法 TOF の関係性

パルス方式間接法 TOF において，ρ をサブナノ秒以下に短くし，復調関数の種類 N を SPAD の TDC の階調数と同程度の数百以上に増やせたとします。実装方法は違えど，これは直接法 TOF と同じ計測結果を与えます。1 光子を識別できるから SPAD のほうが性能が良いと考える方もいるかもしれませんが，光子はショットノイズにより受信時刻が時間的にゆらぐので，ある程度の光子数を計測して，光飛行時間の推定値のばらつきを抑えなければなりません。また，SPAD を使っているから必ず直接法 TOF かというと，それも疑問です。イメージセンサの実装によっては，TDC をもっておらず，時間窓内の検出光子数をカウントする方式もありますし [63]，TDC のビット数が 5 ビット程度と非常に少ないものもあります [64]。筆者らは，これらは実質的にパルス方式間接法 TOF と同じだと考えています。

4.6.7 計測距離範囲の拡大

パルス方式間接法 TOF において，測距精度を保ちながら計測距離範囲を伸ばすには，タップ数を増やす方法 [65] や，フレームレートをビデオレートの数倍に高めた上で，復調関数に遅延を与えながら何回か計測する方法[34] などがあります。ここでは，パルス方式間接法 TOF に，前述の電荷領域で時間信号圧縮を行うコンピューテーショナル CMOS イメージセンサを用いた例を紹介します。これはむやみにタップ数を増やすことも，復調関数を切り替えながら複数フレーム撮像することも，必要ありません。シングルショットで長い距離範囲を一度に計測します [67]。なお，圧縮ビデオでは学習ベースで原信号を推定する方法が多いようですが，この例では全変動（TV）の最小化で原信号を復元しています。そのため，圧縮率が学習ベースのものよりも低下します。

光が空間を伝播していく様子をスローモーションのように撮影するイメージング法が，トランジェントイメージング（transient imaging）です。TOF による距離計測は光の飛行時間のみに注目しますが，時々刻々変化する光の分布を見る点が異なります。これは直接法 TOF を用いて計測した受信信号 $g(t)$ から動画を作成すれば実現できます。また，間接法 TOF カメラを用いた研究も報告されています [68, 69, 70]。しかし，いずれの方法も何らかの走査を行って複数回画像を撮像する必要があります。そのため，動物体の計測には向きません。超高速コンピューテーショナル CMOS イメージセンサを用いると，一度に複数の時間符号を適用してシングルショットで撮像できます。現状では反復法を用い

[34] レンジシフト法と名づけられています [66]。

て信号復元しているので，リアルタイム処理には向きませんが，今後深層学習 [71] などを用いることで，リアルタイム化が可能になると思われます。

　図 32 に実験光学系を示します。図 25 に示した 32 ビットのランダム時間符号をクロック周波数 303 MHz で適用しました。最短露光時間（符号 1 ビット＝1 クロック）は 3.3 ns（距離にすると 0.5 m），計測距離範囲は 16 m です。4 つの物体を 4 m から 13 m の範囲に配置しました。マクロ画素のタップ数は 16 なので，パルス方式間接法 TOF と同じ動作をさせた場合には計測距離範囲が 8 m になるところが，2 倍になっています。できるだけ同軸に近い照明にするために，穴を開けたミラーをカメラの前に配置しました。波長 660 nm，パルス幅約 7 ns のレーザー光を穴の直近で反射させて物体に照射し，TOF カメラは穴から物体を観察しました。レーザーの発光は，超高速コンピュテーショナル CMOS イメージセンサの SYNC 出力により制御されます。

　図 33 に，得られた圧縮画像と，圧縮センシングソルバーの 1 つである TVAL3 [72] により得られた復元結果を示します。なお，TV は 3 次元（空間 2 次元と時間 1 次元）に拡張して用いました。圧縮画像はサブ画素当たりのタップ数だけ出力されるので 4 枚です。また，2×2 のサブ画素構造をもっているので，画像がモザイク状になっています。圧縮率は，画素数ベースで表すと 800%，タップ数ベースだと 200% です。復元画像を見ると，配置した距離に物体が現れていることがわかります。

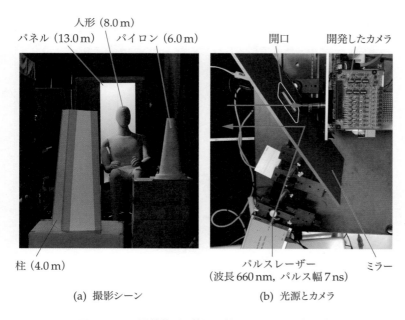

(a) 撮影シーン　　　　　　　　(b) 光源とカメラ

図 32　TOF 距離計測の範囲を拡大するための実験系

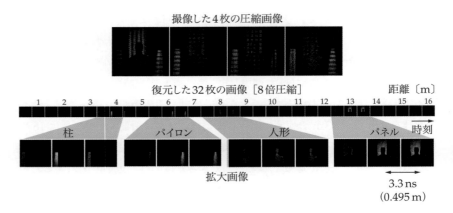

図 33　TOF 距離計測の範囲を拡大した実験結果

4.6.8　マルチパス干渉があるシーンの計測

　TOF にはマルチパス干渉 [73, 74, 75, 76, 77, 78] という問題があり，これにより計測される距離に誤差が生じます（図 34）。ガラス窓で生じる表面反射，部屋の角で生じる多重反射，霧による体積散乱，生体のような散乱体の表面付近で起こる表面下散乱などが，マルチパス干渉の原因となります。前述と同じシステムを用いてマルチパス干渉があるシーンを計測しました。図 35 に示すように，手前に置かれたフィルムを通して「SU」の文字を撮像しました。ここで用いたフィルムは弱い散乱体なので，そこで反射された光がその奥から来る物体光と重なります。図 36 が撮像画像とその復元結果です。直接法 TOF のように，複数のピークが分離して捉えられていることがわかります。

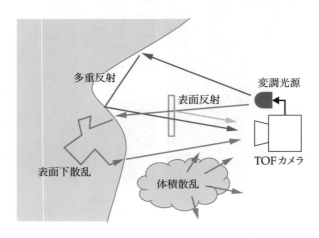

図 34　さまざまなマルチパス干渉の要因

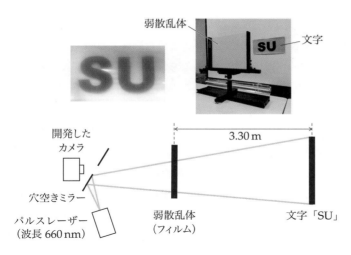

弱散乱体 ———— 文字

図 35　マルチパスの実験系

開発した
カメラ

穴空きミラー

パルスレーザー
（波長 660 nm）

3.30 m

弱散乱体
（フィルム）

文字「SU」

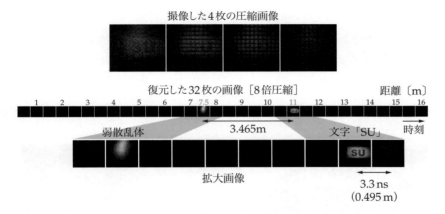

撮像した4枚の圧縮画像

復元した32枚の画像［8倍圧縮］　　　距離〔m〕

弱散乱体　　　　　　3.465m　　　　　文字「SU」　時刻

拡大画像

3.3 ns
（0.495 m）

図 36　マルチパスの実験結果

4.7　超高速カメラへの応用

　コンピュテーショナル CMOS イメージセンサは超高速イメージセンサとしても使えますが，以下のような制限があります。4.4 項で説明したように，一般的な超高速イメージセンサにより一瞬の現象を捉える場合，画像をイメージセンサから読み出さずに撮像しっぱなしにします。フレームバッファの終わりまで画像を書き込んだら，先頭に戻って上書きします。従来の超高速 CMOS イメージセンサは，多重露光ができない代わりに上書きは簡単です。逆に，筆者らによるコンピュテーショナル CMOS イメージセンサは，上書きが困難です。電荷蓄積部をリセットしない限り電荷を加算し続けるので，多重露光になります。暗闇で一瞬発光する場合には問題ありませんが，そうでない場合には蓄積

期間内の画像信号がすべて重なってしまい，原信号を復元すると，変化しない部分と変化した部分が二重露光されたような画像になってしまいます。開始トリガを正確に決めて撮像開始できるならば，この問題は解決できるかもしれません。

　非常に明るい単発の高速な現象として，レーザー加工時に生じるプラズマを選んで計測しました。実験系を図37に示します。計測条件はTOFの実験と同じで，1コマ3.3 ns（バーストフレームレートにすると毎秒約3億枚），連続撮像枚数は32枚（画素数ベース圧縮率800%）です。執筆時点では，これは半導体集積回路によるイメージセンサとしては世界最速です。鉄鋼板（SPCC）上に波長1,064 nmの半導体パルスレーザー（浜松ホトニクス製L12968）を10倍対物レンズで集光し，発生したプラズマを5倍対物レンズで超高速コンピュテーショナルCMOSイメージセンサに結像しました。

　まず全画素をリセットして，画素に溜まっている暗電流を排出してから，TRG信号を1にして，露光を無限ループで開始します。次にパルスレーザーを発光し，プラズマ光を発生させます。これを別のフォトダイオードで検出して，TRG信号を0にすることでイメージセンサの露光を止め，圧縮画像を読み出します。図38に，撮像した画像と復元した画像を示します。非圧縮と8倍圧縮ともに，

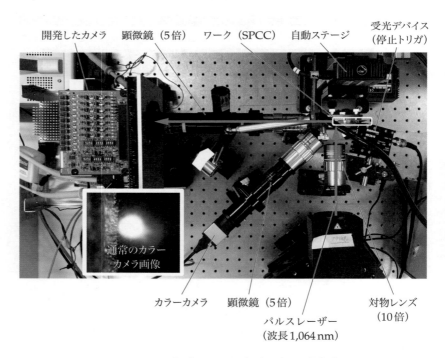

図37　レーザー加工におけるプラズマの測定系

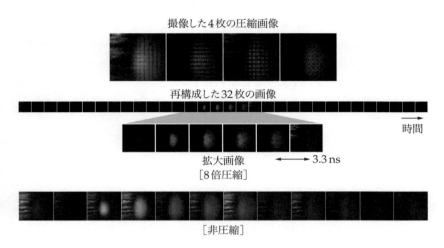

撮像した4枚の圧縮画像

再構成した32枚の画像

時間

拡大画像
[8倍圧縮] ←→ 3.3 ns

[非圧縮]

図 38　レーザー加工におけるプラズマのシングルショットによる撮像結果

プラズマの発生・消滅の時間変化が観測されています。ただし，パルスレーザーの発光タイミングにゆらぎがあって，露光時間が撮像ごとに変化するため，暗電流がうまく補正できず，圧縮時の復元画像がかなりノイジーになっています。今後の改良が必要です。

5　おわりに

　本稿では，マルチタップ電荷変調器を用いたコンピュテーショナル CMOS イメージセンサを紹介し，その利点と応用例を説明しました。しかし，実際には，このように研究に使える CMOS イメージセンサは多くありません。民生品のイメージセンサは機能がセンサ内に作り込まれているため，研究に使おうとすると，イメージセンサの生の出力画像が取得できなかったり，同期信号が取り出せなかったり，露光条件が変えられなかったりと，かゆいところに手が届かないことばかりです。そのような要求に応えうる研究開発向けのカメラも販売されていますが，通常のカメラと比較すると非常に高価です。今後，研究開発に利用可能な安価なマルチタップカメラが発売されて，研究者らを楽しませてくれることを願います。マルチタップ電荷変調器が，コンピュータビジョンやコンピュテーショナルフォトグラフィ分野で活躍し，研究に留まらず日常生活でも広く使われる日が来ることを夢見ています。

謝辞

　この研究の遂行にご協力いただいた大阪大学データビリティフロンティア機構の長原一教授，光産業創成大学院大学の沖原伸一朗准教授，静岡大学電子工

学研究所の川人祥二教授，安富啓太准教授，および川人・香川・安富研究室のスタッフと学生の皆さんに感謝いたします．本稿に示した筆者らによるイメージセンサの試作品は，東京大学大規模集積システム設計教育研究センターを通じてご協力いただいた日本ケイデンス・デザイン・システムズ社，日本シノプシス合同会社，メンター・グラフィックス株式会社の皆さんのおかげで実現しました。

参考文献

[1] 寺西信一 編. 画像入力とカメラ. オーム社, 2012.

[2] 米本和也. 改訂 CCD/CMOS イメージセンサの基礎と応用. CQ 出版, 2018.

[3] Fabio Remondino and David Stoppa. *TOF Range-Imaging Cameras*. Springer, 2013.

[4] Kinko Tsuji. *The Micro-World Observed by Ultra High-Speed Cameras*. Springer, 2018.

[5] Willard S. Boyle and George E. Smith. Charge coupled semiconductor devices. *Bell System Technical Journal*, Vol. 49, No. 4, pp. 587–593, 1970.

[6] Nobukazu Teranishi, Akiyoshi Kohono, Yasuo Ishihara, Eiji Oda, and Kouichi Arai. No image lag photodiode structure in the interline CCD image sensor. In *1982 International Electron Devices Meeting*, pp. 324–327, 1982.

[7] Eric R. Fossum and Donald B. Hondongwa. A review of the pinned photodiode for CCD and CMOS image sensors. *IEEE Journal of the Electron Devices Society*, Vol. 2, No. 3, pp. 33–43, 2014.

[8] Ramesh Raskar, Jack Tumblin, Ankit Mohan, Amit Agrawal, and Yuanzen Li. Computational photography. In Karol Myszkowski and Vlastimil Havran, editors, *Eurographics 2007 – Tutorials*. The Eurographics Association, 2007.

[9] Boyd Fowler, Chiao Liu, Steve Mims, Janusz Balicki, Wang Li, Hung Do, Jeff Appelbaum, and Paul Vu. A 5.5Mpixel 100 frames/sec wide dynamic range low noise CMOS image sensor for scientific applications. *Proc. SPIE*, Vol. 7536, 753607, 2010.

[10] Simon M. Sze and Kwok K. Ng. *Physics of Semiconductor Devices*. Wiley, 2006.

[11] Cyrus S. Bamji, Swati Mehta, Barry Thompson, Tamer Elkhatib, Stefan Wurster, Onur Akkaya, Andrew Payne, John Godbaz, Mike Fenton, Vijay Rajasekaran, Larry Prather, Satya Nagaraja, Vishali Mogallapu, Dane Snow, Rich McCauley, Mustansir Mukadam, Iskender Agi, Shaun McCarthy, Zhanping Xu, Travis Perry, William Qian, Vei-Han Chan, Prabhu Adepu, Gazi Ali, Muneeb Ahmed, Aditya Mukherjee, Sheethal Nayak, Dave Gampell, Sunil Acharya, Lou Kordus, and Pat O'Connor. 1 Mpixel 65 nm BSI 320 MHz demodulated TOF Image sensor with 3 μm global shutter pixels and analog binning. In *IEEE International Solid-StateCircuits Conference*, pp. 94–96, 2018.

[12] Takeharu Etoh, Tomoo Okinaka, Yasuhide Takano, Kohsei Takehara, Hitoshi Nakano, Kazuhiro Shimonomura, Taeko Ando, Nguyen Ngo, Yoshinari Kamakura, Vu Dao, Anh Nguyen, Edoardo Charbon, Chao Zhang, Piet De Moor, Paul Goetschalckx, and Luc Haspeslagh. Light-in-flight imaging by a silicon image sensor: Toward the theoretical highest frame rate. *MDPI Sensors*, Vol. 19, No. 10, 2247, 2019.

[13] Sanggwon Lee, Keita Yasutomi, Masato Morita, Hodaka Kawanishi, and Shoji Kawahito. A time-of-flight range sensor using four-tap lock-in pixels with high near infrared sensitivity for LiDAR applications. *MDPI Sensors*, Vol. 20, No. 1, 116, 2019.

[14] Min-Woong Seo, Yuya Shirakawa, Yoshimasa Kawata, Keiichiro Kagawa, Keita Yasutomi, and Shoji Kawahito. A time-resolved four-tap lock-in pixel CMOS image sensor for real-time fluorescence lifetime imaging microscopy. *IEEE Journal of Solid-State Circuits*, Vol. 53, No. 8, pp. 2319–2330, 2018.

[15] Gordon Wan, Xiangli Li, Gennadiy Agranov, Marc Levoy, and Mark Horowitz. A dual in-pixel memory CMOS image sensor for computation photography. In *IEEE Symposium on VLSI Circuits*, pp. 94–95, 2011.

[16] Navid Sarhangnejad, Nikola Katic, Zhengfan Xia, Mian Wei, Nikita Gusev, Gairik Dutta, Rahul Gulve, Harel Haim, Manuel-Moreno Garcia, David Stoppa, Kiriakos N. Kutulakos, and Roman Genov. Dual-tap pipelined-code-memory coded-exposure-pixel CMOS image sensor for multi-exposure single-frame computational imaging. In *2019 IEEE International Solid-State Circuits Conference*, pp. 102–104, 2019.

[17] Chen Cao, Jaydeep-Kumar Dutta, Masashi Hakamata, Keita Yasutomi, Keiichiro Kagawa, Satoshi Aoyama, Norimichi Tsumura, and Shoji Kawahito. A dual NIR-band lock-in pixel CMOS image sensor with device optimizations for remote physiological monitoring. *IEEE Transactions on Electron Devices*, Vol. 68, No. 4, pp. 1688–1693, 2021.

[18] Rudolf Schwarte, Zhanping Xu, Horst-Guenther Heinol, Joachim Olk, Ruediger Klein, Bernd Buxbaum, Helmut Fischer, and Juergen Schulte. New electro-optical mixing and correlating sensor: Facilities and applications of the photonic mixer device (PMD). *Proc. SPIE*, Vol. 3100, pp. 245–253, 1997.

[19] David Stoppa, Nicola Massari, Lucio Pancheri, Mattia Malfatti, Matteo Perenzoni, and Lorenzo Gonzo. An 80×60 range image sensor based on $10\,\mu$m 50 MHz lock-in pixels in $0.18\,\mu$m CMOS. In *2010 IEEE International Solid-State Circuits Conference*, pp. 406–407, 2010.

[20] Donguk Kim, Seunghyun Lee, Dahwan Park, Canxing Piao, Jihoon Park, Yeonsoo Ahn, Kihwan Cho, Jungsoon Shin, Seung-Min Song, Seong-Jin Kim, Jung-Hoon Chun, and Jaehyuk Choi. Indirect time-of-flight CMOS image sensor with on-chip background light cancelling and pseudo-four-tap/two-tap hybrid imaging for motion artifact suppression. *IEEE Journal of Solid-State Circuits*, Vol. 55, No. 11, pp. 2849–2865, 2020.

[21] Masafumi Tsutsui, Toshifumi Yokoyama, Takahisa Ogawa, and Ikuo Mizuno. A 3-tap global shutter 5.0 um pixel with background canceling for 165 MHz modulated pulsed indirect time-of-flight image sensor. In *International Image Sensor Workshop*, R17, 2021.

[22] Daniel Van Nieuwenhove, Ward Van Der Tempel, and Maarten Kuijk. Novel standard CMOS detector using majority current for guiding photo-generated electrons towards detecting junctions. In *IEEE/LEOS Symp.*, pp. 229–232, 2005.

[23] Yoshiki Ebiko, H. Yamagishi, K. Tatani, H. Iwamoto, Y. Moriyama, Y. Hagiwara,

S. Maeda, T. Murase, T. Suwa, H. Arai, Y. Isogai, S. Hida, S. Kameda, T. Terada, K. Koiso, F. T. Brady, S. Han, A. Basavalingappa, T. Michiel, and T. Ueno. Low power consumption and high resolution 1280×960 gate assisted photonic demodulator pixel for indirect time of flight. In *International Electron Devices Meeting*, pp. 33.1.1–33.1.4, 2020.

[24] Shoji Kawahito, Guseul Baek, Zhuo Li, Sang-Man Han, Min-Woong Seo, Keita Yasutomi, and Keiichiro Kagawa. CMOS lock-in pixel image sensors with lateral electric field control for time-resolved imaging. In *International Image Sensor Workshop*, pp. 361–364, 2013.

[25] Keita Yasutomi, Yushi Okura, Keiichiro Kagawa, and Shoji Kawahito. A sub-100 μm-range-resolution time-of-flight range image sensor with three-tap lock-in pixels, non-overlapping gate clock, and reference plane sampling. *IEEE Journal of Solid-State Circuits*, Vol. 54, No. 8, pp. 2291–2303, 2019.

[26] Shoji Kawahito, Keita Kondo, Keita Yasutomi, and Keiichiro Kagawa. A time-resolved lock-in pixel image sensor using multiple-tapped diode and hybrid cascade charge transfer structures. In *International Image Sensor Workshop*, R28, 2019.

[27] Hiroaki Nagae, Shohei Daikoku, Keita Kondo, Keita Yasutomi, Keiichiro Kagawa, and Shoji Kawahito. A time-resolved 4-tap image sensor using tapped PN-junction diode demodulation pixels. In *International Image Sensor Workshop*, R45, 2021.

[28] M. Kleefstra. A simple analysis of CCDs driven by pn junctions. *Solid-State Electronics*, Vol. 21, No. 8, pp. 1005–1011, 1978.

[29] Sergio Cova, Antonio Longoni, and Alessandra Andreoni. Towards picosecond resolution with single-photon avalanche diodes. *Review of Scientific Instruments*, Vol. 52, No. 3, pp. 408–412, 1981.

[30] Robert J. McIntyre. Recent developments in silicon avalanche photodiodes. *Measurement*, Vol. 3, No. 4, pp. 146–152, 1985.

[31] Peter Seitz and Albert J. P. Theuwissen. *Single-photon imaging*. chapter 7. Springer, 2011.

[32] Cristiano Niclass, Mineki Soga, Hiroyuki Matsubara, Masaru Ogawa, and Manabu Kagami. A 0.18 μm CMOS SoC for a 100 m-range 10 fps 200×96-pixel time-of-flight depth sensor. In *IEEE International Solid-State Circuits Conference*, pp. 488–489, 2013.

[33] Oichi Kumagai, Junichi Ohmachi, Masao Matsumura, Shinichiro Yagi, Kenichi Tayu, Keitaro Amagawa, Tomohiro Matsukawa, Osamu Ozawa, Daisuke Hirono, Yasuhiro Shinozuka, Ryutaro Homma, Kumiko Mahara, Toshio Ohyama, Yousuke Morita, Shohei Shimada, Takahisa Ueno, Akira Matsumoto, Yusuke Otake, Toshifumi Wakano, and Takashi Izawa. A 189×600 back-illuminated stacked SPAD direct time-of-flight depth sensor for automotive LiDAR systems. In *IEEE International Solid-State Circuits Conference*, pp. 110–112, 2021.

[34] Keiichiro Kagawa. Functional imaging with multi-tap CMOS pixels. *ITE Transactions on Media Technology and Applications*, Vol. 9, No. 2, pp. 114–121, 2021.

[35] Sang-Man Han, Taishi Takasawa, Keita Yasutomi, Satoshi Aoyama, Keiichiro Kagawa, and Shoji Kawahito. A time-of-flight range image sensor with background canceling

lock-in pixels based on lateral electric field charge modulation. *IEEE Journal of the Electron Devices Society*, Vol. 3, No. 3, pp. 267–275, 2015.

[36] David J. Cuccia, Frederic Bevilacqua, Anthony J. Durkin, Frederick R. Ayers, and Bruce J. Tromberg. Quantitation and mapping of tissue optical properties using modulated imaging. *Journal of Biomedical Optics*, Vol. 14, No. 2, 024012, 2009.

[37] Sylvain Gioux, Amaan Mazhar, and David J. Cuccia. Spatial frequency domain imaging in 2019: Principles, applications, and perspectives. *Journal of Biomedical Optics*, Vol. 24, No. 7, 071613, 2019.

[38] Brian C. Wilson and G. Adam. A Monte Carlo model for the absorption and flux distributions of light in tissue. *Medical Physics*, Vol. 10, No. 6, pp. 824–830, 1983.

[39] Qianqian Fang and David A. Boas. Monte Carlo simulation of photon migration in 3D turbid media accelerated by graphics processing units. *Optics Express*, Vol. 17, No. 22, pp. 20178–20190, 2009.

[40] Swapnesh Panigrahi and Sylvain Gioux. Machine learning approach for rapid and accurate estimation of optical properties using spatial frequency domain imaging. *Journal of Biomedical Optics*, Vol. 24, No. 7, 071606, 2018.

[41] Robert J. Woodham. Photometric method for determining surface orientation from multiple images. *Optical Engineering*, Vol. 19, No. 1, 191139, 1980.

[42] Mian Wei, Navid Sarhangnejad, Zhengfan Xia, Nikita Gusev, Nikola Katic, Roman Genov, and Kiriakos N. Kutulakos. Coded two-bucket cameras for computer vision. In *Lecture Notes in Computer Science (including subseries Lecture Notes in Artificial Intelligence and Lecture Notes in Bioinformatics)*, Vol. 11207, pp. 55–73. 2018.

[43] Takuya Yoda, Hajime Nagahara, Rin-ichiro Taniguchi, Keiichiro Kagawa, Keita Yasutomi, and Shoji Kawahito. The dynamic photometric stereo method using a multi-tap CMOS image sensor. *MDPI Sensors*, Vol. 18, No. 3, 786, 2018.

[44] Kazuki Yamato, Yusuke Tanaka, Hiromasa Oku, Keita Yasutomi, and Shoji Kawahito. Quasi-simultaneous multi-focus imaging using a lock-in pixel image sensor and TAG lens. *Optics Express*, Vol. 28, No. 13, pp. 19152–19162, 2020.

[45] Ryohei Miyagawa and Takeo Kanade. Integration-time based computational image sensors. In *1995 IEEE Workshop on Charge-Coupled Devices*, pp. 157–161, 1995.

[46] David L. Donoho. Compressed sensing. *IEEE Transactions on Information Theory*, Vol. 52, No. 4, pp. 1289–1306, 2006.

[47] Richard Baraniuk. Compressive sensing [lecture notes]. *IEEE Signal Processing Magazine*, Vol. 24, No. 4, pp. 118–121, 2007.

[48] Emmanuel J. Candès and Michael B. Wakin. An introduction to compressive sampling. *IEEE Signal Processing Magazine*, Vol. 25, No. 2, pp. 21–30, 2008.

[49] Yusuke Oike and Abbas El Gamal. CMOS image sensor with per-column $\Sigma\Delta$ ADC and programmable compressed sensing. *IEEE Journal of Solid-State Circuits*, Vol. 48, No. 1, pp. 318–328, 2013.

[50] Steven R. Norworthy, Richard Schreier , and Gabor C. Temes. *Delta-Sigma Data Converters: Theory, Design, and Simulation*. IEEE Press, 1998.

[51] Yasunobu Hitomi, Jinwei Gu, Mohit Gupta, Tomoo Mitsunaga, and Shree K. Na-

yar. Video from a single coded exposure photograph using a learned over-complete dictionary. In *IEEE International Conference on Computer Vision*, pp. 287–294, 2011.

[52] Hajime Nagahara, Toshiki Sonoda, Kenta Endo, Yukinobu Sugiyama, and Rin-Ichiro Taniguchi. High-speed imaging using CMOS image sensor with quasi pixel-wise exposure. In *2016 IEEE International Conference on Computational Photography*, pp. 81–91, 2016.

[53] Yi Luo, Jacky Jiang, Mengye Cai, and Shahriar Mirabbasi. CMOS computational camera with a two-tap coded exposure image sensor for single-shot spatial-temporal compressive sensing. *Optics Express*, Vol. 27, No. 22, pp. 31475–31489, 2019.

[54] Toshiki Arai, Jun Yonai, Tetsuya Hayashida, Hiroshi Ohtake, Harry Van Kuijk, and Takeharu-Goji Etoh. A 252- V/lux·s, 16.7-million-frames-per-second 312-kpixel back-side-illuminated ultrahigh-speed charge-coupled device. *IEEE Transactions on Electron Devices*, Vol. 60, No. 10, pp. 3450–3458, 2013.

[55] Yasuhisa Tochigi, Katsuhiko Hanzawa, Yuri Kato, Rihito Kuroda, Hideki Mutoh, Ryuta Hirose, Hideki Tominaga, Kenji Takubo, Yasushi Kondo, and Shigetoshi Sugawa. A global-shutter CMOS image sensor with readout speed of 1-tpixel/s burst and 780-mpixel/s continuous. *IEEE Journal of Solid-State Circuits*, Vol. 48, No. 1, pp. 329–338, 2013.

[56] Manabu Suzuki, Yuki Sugama, Rihito Kuroda, and Shigetoshi Sugawa. Over 100 million frames per second 368 frames global shutter burst CMOS image sensor with pixel-wise trench capacitor memory array. *MDPI Sensors*, Vol. 20, No. 4, 1086, 2020.

[57] Futa Mochizuki, Keiichiro Kagawa, Shin-ichiro Okihara, Min-Woong Seo, Bo Zhang, Taishi Takasawa, Keita Yasutomi, and Shoji Kawahito. Single-shot 200Mfps 5x3-aperture compressive CMOS imager. In *2015 IEEE International Solid-State Circuits Conference*, pp. 116–117, 2015.

[58] Futa Mochizuki, Keiichiro Kagawa, Shin-ichiro Okihara, Min-Woong Seo, Bo Zhang, Taishi Takasawa, Keita Yasutomi, and Shoji Kawahito. Single-event transient imaging with an ultra-high-speed temporally compressive multi-aperture CMOS image sensor. *Optics Express*, Vol. 24, No. 4, pp. 4155–4176, 2016.

[59] Keiichiro Kagawa, Tomoya Kokado, Yuto Sato, Futa Mochizuki, and Hajime Nagahara. Multi-tap macro-pixel based compressive ultra-high-speed CMOS image sensor. In *International Image Sensor Workshop*, R36, 2019.

[60] Keiichiro Kagawa, Masaya Horio, Anh Ngoc Pham, Thoriq Ibrahim, Shin-ichiro Okihara, Tatsuki Furuhashi, Taishi Takasawa, Keita Yasutomi, Shoji Kawahito, and Hajime Nagahara. A dual-mode 303-megaframes-per-second charge-domain time-compressive computational CMOS image sensor. *MDPI Sensors*, Vol. 22, No. 5, 1953, 2022.

[61] Yusuke Oike. Evolution of image sensor architectures with stacked device technologies. *IEEE Transactions on Electron Devices*, 2021.

[62] Tobias Möller, Holger Kraft, Jochen Frey, Martin Albrecht, and Robert Lange. Robust 3D measurement with PMD sensors. In *Range Imaging Day, Zürich*, Section 5, 2005.

[63] Kazuhiro Morimoto, Andrei Ardelean, Ming-Lo Wu, Arin-Can Ulku, Ivan-Michel

Antolovic, Claudio Bruschini, and Edoardo Charbon. Megapixel time-gated SPAD image sensor for 2D and 3D imaging applications. *Optica*, Vol. 7, No. 4, pp. 346–354, 2020.

[64] David Stoppa, Sargis Abovyan, Daniel Furrer, Radoslaw Gancarz, Thomas Jessenig, Robert Kappel, Manfred Lueger, Christian Mautner, Ian Mills, Daniele Perenzoni, Georg Roehrer, and Pierre-Yves Taloud. A reconfigurable QVGA/Q3VGA direct time-of-flight 3D imaging system with on-chip depth-map computation in 45/40 nm 3D-stacked BSI SPAD CMOS. In *International Image Sensor Workshop*, R15, 2021.

[65] Yuya Shirakawa, Keita Yasutomi, Keiichiro Kagawa, Satoshi Aoyama, and Shoji Kawahito. An 8-tap CMOS lock-in pixel image sensor for short-pulse time-of-flight measurements. *MDPI Sensors*, Vol. 20, No. 4, 1040, 2020.

[66] Shoji Kawahito, Keita Yasutomi, and Kamel Mars. Hybrid time-of-flight image sensors for middle-range outdoor applications. *IEEE Open Journal of the Solid-State Circuits Society*, Vol. 2, pp. 38–49, 2021.

[67] Futa Mochizuki, Keiichiro Kagawa, Ryota Miyagi, Min-Woong Seo, Bo Zhang, Taishi Takasawa, Keita Yasutomi, and Shoji Kawahito. Separation of multi-path components in sweep-less time-of-flight depth imaging with a temporally-compressive multi-aperture image sensor. *ITE Transactions on Media Technology and Applications*, Vol. 6, No. 3, pp. 202–211, 2018.

[68] Felix Heide, Matthias Hullin, James Gregson, and Wolfgang Heidrich. Light-in-flight: Transient imaging using photonic mixer devices. In *ACM SIGGRAPH 2013 Emerging Technologies*, 2013.

[69] Achuta Kadambi, Refael Whyte, Ayush Bhandari, Lee Streeter, Christopher Barsi, Adrian Dorrington, and Ramesh Raskar. Coded time of flight cameras: Sparse deconvolution to address multipath interference and recover time profiles. *ACM Transactions on Graphics*, Vol. 32, No. 6, 2013.

[70] Kazuya Kitano, Takanori Okamoto, Kenichiro Tanaka, Takahito Aoto, Hiroyuki Kubo, Takuya Funatomi, and Yasuhiro Mukaigawa. Recovering temporal PSF using ToF camera with delayed light emission. *IPSJ Transactions on Computer Vision and Applications*, 9:15, 2017.

[71] Michitaka Yoshida, Akihiko Torii, Masatoshi Okutomi, Kenta Endo, Yukinobu Sugiyama, Rin-Ichiro Taniguchi, and Hajime Nagahara. Joint optimization for compressive video sensing and reconstruction under hardware constraints. *Lecture Notes in Computer Science (including subseries Lecture Notes in Artificial Intelligence and Lecture Notes in Bioinformatics)*, Vol. 11214, pp. 649–663, 2018.

[72] Chengbo Li, Wotao Yin, Hong Jiang, and Yin Zhang. An efficient augmented Lagrangian method with applications to total variation minimization. *Computational Optimization and Applications*, Vol. 56, Issue 3, pp. 507–530, 2013.

[73] Daiki Kijima, Takahiro Kushida, Hiromu Kitajima, Kenichiro Tanaka, Hiroyuki Kubo, Takuya Funatomi, and Yasuhiro Mukaigawa. Time-of-flight imaging in fog using multiple time-gated exposures. *Optics Express*, Vol. 29, No. 5, pp. 6453–6467, 2021.

[74] Supreeth Achar, Joseph R. Bartels, William L. Whittaker, Kiriakos N. Kutulakos, and

Srinivasa G. Narasimhan. Epipolar time-of-flight imaging. *ACM Transactions on Graphics*, Vol. 36, No. 4, 37, 2017.

[75] Ayush Bhandari, Achuta Kadambi, Refael Whyte, Christopher Barsi, Micha Feigin, Adrian Dorrington, and Ramesh Raskar. Resolving multipath interference in time-of-flight imaging via modulation frequency diversity and sparse regularization. *Optics Letters*, Vol. 39, No. 6, pp. 1705–1708, 2014.

[76] Refael Whyte, Lee Streeter, Michael J. Cree, and Adrian A. Dorrington. Resolving multiple propagation paths in time of flight range cameras using direct and global separation methods. *Optical Engineering*, Vol. 54, No. 11, 113109, 2015.

[77] Nikhil Naik, Achuta Kadambi, Christoph Rhemann, Shahram Izadi, Ramesh Raskar, and Sing-Bing Kang. A light transport model for mitigating multipath interference in time-of-flight sensors. In *IEEE Computer Society Conference on Computer Vision and Pattern Recognition*, pp. 73–81, 2015.

[78] Ayush Bhandari, Micha Feigin, Shahram Izadi, Christoph Rhemann, Mirko Schmidt, and Ramesh Raskar. Resolving multipath interference in kinect: An inverse problem approach. In *IEEE Sensors*, pp. 614–617, 2014.

かがわ けいいちろう（静岡大学 電子工学研究所）
てらにし のぶかず（静岡大学 電子工学研究所）

がぞーけんきゅーぶ！

桂井麻里衣 作／松井勇佑 編

（マンガ寄稿者募集中！　寄稿をご希望の方は東京大学松井勇佑〈matsui@hal.t.u-tokyo.ac.jp〉までご一報ください）

サキヨミ CV 最前線

編集担当の井尻と牛久が，これまでの『コンピュータビジョン最前線』を振り返りつつ，シリーズをさらにおもしろく，濃密にする新たなコンテンツについて考えてみた。

牛久　じゃあ始めましょうか。

井尻　そうですね。毎回圧巻で，読み切るのも結構大変というか，読者も読みごたえがありすぎて……というところはありますよね。

牛久　これはうれしい悲鳴です。全部で 150 ページぐらいありますね。もっと薄いかもしれないと思っていたのですが，すごくボリュームがあって，読みごたえがあります。

井尻　当初意図したのは，「イマドキ」ではサーベイ的な最近の研究を取り上げていただくということでしたが，すごいクオリティで書いていただきましたね。そして，「フカヨミ」は，基本的には 1 個の論文をしっかり読もうということなんですが，みなさん，その周辺も含めてすごく詳細に解説していただいたので，結局その少し絞った分野のサーベイ的なものが得られるという意味で，ここもすごく圧巻ですよね。そして，最後の「ニュウモン」のところは，もうこれは完全にサーベイなんですが，その分野の歴史から今に至るまでというのが，一気にわかるような感じで，これも読みごたえ圧巻ですね。なんか参考文献の数だけでも，全部で 500 件くらいになるのでしょうか。

牛久　そうですね。超重厚なサーベイが「ニュウモン」であって，いやでもこれもすごい立派なサーベイだなって思うのが「イマドキ」になっていて，という印象なのですが。実は「フカヨミ」も「イマドキ」ぐらいの感じのすごい情報量なんですよね。

井尻　書いてくださっているみなさんのレベルを間違えていたというわけではありませんが，実はこれほどのものが来るとは思っていませんでした。ここまで頑張っていただくことに関してちょっと躊躇もありましたが，みなさん後世に名を残すということで本気で取り組んでいただけたのがうれしいです。

牛久　本当にすごい分量ですし，かつそれがまとまっている感じが良いですね。

井尻　これ 1 つ読むだけでも結構勉強になります。たとえば 2022 年 Spring 号の超解像ですね。実は私の会社でも少し取り組みかけています。私なんかは，最近論文を詳細に読むというのが難しくなっている中で，これで非常に効率良く情報を収集させていただきました。今，第一線でやっている研究者の人たちと話を合わせることができているというのは，正直，コンピュータビジョンを専門にしている人間であっても非常に助かる部分があるんじゃないかなと思っています。

牛久　そうですね。最近は，ウェブですべての情報が見られるようになったとはいえ，このように情報が凝縮されているということにかなり価値があると思っています。いろいろな論文等をキュレーションしているメディアでも，お金を取りながら配信購読できるサービスをやっていらっしゃる方が増えてきていますが，CV 最前線もそういうような意味で，本当にハイクオリティなキュレーションメディアであるという見方もできるかなと思っていますね。

井尻　そう考えるとこの 10 何ページ，これを読むのにどれぐらいかかるでしょうか。根を詰めて読んで 1 週間ぐらいかかるかもしれませんが，3 ヶ月に 1 回出版されますよね。ちょっと油断すると一瞬で 3 ヶ月のほうが先に経ってしまう感じではありますが，その間に必要な情報を仕入れられるという意味では，とても効率の良い情報収集手段といえますよね。

牛久　3 ヶ月というペースも実はちょうど良いのかもしれないと思っています。月刊だったとすると聞こえはいいですが，読むのが追いつかないぞ，という。

井尻　負けないように私も勉強していかないといけないですね。

牛久　おっしゃる通りですね。コンテンツとしては毎回，「イマドキ」が 1 つあって，「フカヨミ」が 3

つ，「ニュウモン」が１つという構成が定着しつつありますが，いかがでしょう。

井尻 当初計画した通りではありますが，意外とこの分量で，これ以上増えるとちょっとまずいかもというのもあって，とりあえずはこれで十分勉強になるという感じがしております。著者のみなさんのご負担についても聞いていかないとな，とは思ってはいます。

牛久 本当にそれぞれの分野を代表するような方々に執筆をいただいていますが，もうハードルを上げすぎることのないように，一方で，読者のみなさんには十分価値があるコンテンツを保てるように，そのバランスに引き続き気をつけていきたいと思いますよね。

◆

井尻 さて，次のトピックスかもしれませんが，この型は残しつつ，その周辺でよりおもしろい企画を入れていけたらという感じで，ちょっと新しいものを入れたわけですよね。

牛久 そう，Spring 2022 から地味にひっそりと増えているコンテンツがあるわけです。１つは，４コマ漫画ですね。

井尻 コンピュータビジョン界の中で，別の才能をもった方を探す企画ですよね，ある意味。

牛久 コンピュータビジョンという，画像を扱っている分野としての特性なのか，それとも編集を担当していただいている松井先生（漫画を扱うベンチャー企業にも携わっていらっしゃる）の人脈力なのかもしれませんが，コンピュータビジョン分野を中心として漫画を描ける人たちが周りにいるぞということで始まった企画です。Spring 2022 では @kanejaki 先生ですが，Summer 2022 以降でもかわりばんこに描いていただけそうな方々が複数いらっしゃるっていうことで，それがすごいことだなと思います。

井尻 すごいですよね。すごいけど，何回かに１回ぐらい AI が書いた漫画が混ざっていたりするんでしょうか。

牛久 漫画の自動生成ですね。たしかに漫画を自動生成するような国プロなんかもありますよね。

井尻 チューリングテスト的に，何回かに１回混ざっていても気づかないことがあればすごいです。

牛久 ストーリーを生成するということ以上に，画像としてこの漫画のような見た目のものを生成できるのか？というのがなあ。でも，そろそろできちゃいそうですね。DALL-E とか見ていると。

井尻 できそうだけど，まだまだチャレンジですよね。

牛久 何が１つ難しいかっていうと，こういうふうな線画チックな漫画ってやっぱり，通常の画像に比べたら量が少ないですし，そうした通常の画像より大きく抽象化しないといけないですし，抽象化するスタイル，要するに画風が人によって全然違うところですね。多分うまく学習するのが，自然画像とか普通のイラストの生成よりもよっぽど難しいんじゃないかなとは思いますね。

井尻 新しい企画はもう１つありますよね。CV イベントカレンダー。

牛久 僕はすごく便利だと思っています。コンピュータビジョン周りのイベントについて，国内と国際それぞれ，開催日程や開催地，投稿できるものについてはその期限などを知ることができるので。『コンピュータビジョン最前線』の刊行予定もともに出てますし。世の中のあまねく CV 研究者・技術者のみなさまは，もう肌身離さずこれを持ち歩いていたほうがいいですよね?! Google カレンダー形式なんかで提供してもいいかもしれないですね。

井尻 それは共立出版さんに言っておきますか。

牛久 そうですね。購読者の方には URL をお知らせします，でいいかもしれません。

井尻 オンライン連動企画みたいな感じで，これから考えていくところかもしれないですね。

牛久 とりあえずはこういう形でリーン的にスタートしましたが，これらの企画自身もブラッシュアップしていく部分というのはあると思いますし，他の企画を考えるというのもありそうだと思います。

井尻 初めてのコンテンツが，軌道に乗った段階で企画側としてはその周辺も考えていかないといけないという話をよくしているわけですが，他に何かおもしろそうなものはありますか。

牛久 まずは技術的な内容を追うコンテンツが立ち

上がってきたので，その他の研究者・技術者としての日々を支えるイベントカレンダーとか，そこにユーモアのエッセンスを加える4コマ漫画ができたわけです。そして僕らがどこで研究や開発をするかというと，大学であったり，企業であったり，そういうところでこのようなCVの技を磨いていくわけですが，その場所に，もうちょっとスポットライトを当てるような企画を考えてもいいかなと思っています。CVに力を入れている企業や先端的な研究をやっている研究室に「トツゲキ」して，取材をまとめた記事を新たなコンテンツとして出すような企画を用意してもいいかもしれないですね。

井尻 我々もちょっとテンションが上がりますよね。

牛久 それを読んだ結果として進学を決めましたとか，転職をしましたとか，そういう人たちが出てくるといいなと思います。僕もするかもしれないですし（笑）。

井尻 我々も，すごい成果を出しているラボや研究所，企業はどうなのか，秘密があるのか，というのは知りたいですね。なかなかそういうプロセス的なところは出てこなくて，成果だけが出てくるものなので。その秘訣みたいなものがわかり，伝わることもあるかなと思うので，非常に良い企画だと思います。

牛久 CVの技術そのものというより，さらに一段ハイレベルなところ，ノウハウみたいなものをシェアできると，さらにメディアとしての価値が高まり，日本のCVをより盛り上げていく1つのきっかけになるかなと思います。そういう意味では。そのスタイルや進め方，研究の仕方などにさらに焦点を置いたような企画も考えられるかもしれませんね。

井尻 そうですね。研究の「トラノアナ」はちょっと話題になっていましたよね。

牛久 世界的なジャーナルやカンファレンスで出てくる論文を読むほうから発信するほうにいくんだ，よりCVの研究を盛り上げていくんだっていうことを考えたときに，自分もいくつか経験していますが，ちゃんとアクセプトされるような論文に評価させるためのテーマ策定とか，どういう実験をしたらいいのか，ど

ういうふうに論文としてプレゼンテーションしたらいいのか，というのがかなり修行のいるところです。逆にそういうことを知っている人たちはコンスタントに論文を出し続けているのが世界的にも見てとれるので，単純な技術やテーマのおもしろさとはまた別の研究のノウハウってあると思うんですよね。

井尻 「トツゲキ」と「トラノアナ」が出ましたが，今度はどう実装するのかというのもちょっと気になってきますよね。

牛久 たしかにその通りです。最近だと本当にたくさんの論文がGitHub等で公開される流れも出てきていますが。公開されているソースコードについては2つあって，1つはそのように公開されていても，場合によってはそのままだとうまく再現されないことがあります。そしてコアの再現はできても，別の何かに組み込むためには，周辺的な開発だったりMLOps的な部分の実装が必要だったりする。もう1つは，まだ公開されていない，GitHubにも何もソースコードがない，みたいな技術もまあまああったりするんですよね。どうやったら記事に書いてあるものが再現できるかというときに，実装するときのノウハウですとか，こういうところにハマりがちですよみたいなのって，技術ごとに結構あると思います。

井尻 企業さんの中では高速化のテクニックなども大事になってくるかもしれません。そういうことを考えると，実装に関して深く入り込んだような記事があっても楽しんでいただけるかもしれないです。

牛久 実装「ドウジョウ」とかいって，高速化や実装上のハマりポイント，学習がうまくいかなくならないようなノウハウなんかを書けるといいですね。

井尻 「トツゲキ」に「トラノアナ」，実装「ドウジョウ」が揃いましたが，次から全部一気に始めるのは難しいですね。

牛久 また厚みが倍になっちゃう。

井尻 でも，これからもおもしろい企画を入れて，いろんな読者の方に喜んでいただけるようにできればいいですね。

牛久 そうですね。ぜひいろいろな声をお願いします。Twitterでエゴサーチはほとんどしませんが，エ

ゴメディアサーチはわりとしていて，"コンピュータ
ビジョン最前線"とか"CV 最前線"を検索して，
Twitter の反応や Amazon の書評も見ているので，
何か声をあげてくださると編集部として声が拾えるん
じゃないかと思っています。

　井尻　はい。じゃあちょっとみなさんの反応を期待
しつつ，これで止めますかね。ありがとうございまし
た。

　牛久　ありがとうございました。

　　　いじり よしひさ（LINE 株式会社）
　　　うしく よしたか（オムロンサイニックエックス株式会社
　　　　／株式会社 Ridge-i）

CV イベントカレンダー

名　称	開催地	開催日程	投稿期限
SSII2022（画像センシングシンポジウム）国内 https://confit.atlas.jp/guide/event/ssii2022/top?lang=ja	パシフィコ横浜 ＋オンライン	2022/6/8〜6/10	2022/3/8
『コンピュータビジョン最前線　Summer 2022』6/10 発売			
JSAI2022（人工知能学会全国大会）国内 https://www.ai-gakkai.or.jp/jsai2022/	国立京都国際会館 ＋オンライン	2022/6/14〜6/17	2022/3/3〜3/4
CVPR 2022（IEEE/CVF International Conference on Computer Vision and Pattern Recognition）国際 http://cvpr2022.thecvf.com/	New Orleans, LA, USA ＋Online	2022/6/19〜6/24	2021/11/18
ICMR 2022（ACM International Conference on Multimedia Retrieval）国際 https://www.icmr2022.org/	Newark, NJ, USA	2022/6/27〜6/30	2022/1/20
RSS 2022（Conference on Robotics: Science and Systems）国際 https://roboticsconference.org/	New York, PA, USA	2022/6/27〜7/1	2022/1/29
NAACL 2022（Annual Conference of the North American Chapter of the Association for Computational Linguistics）国際 https://2022.naacl.org/	Seattle, WA, USA ＋Online	2022/7/10〜7/15	2022/1/15
ICML 2022（International Conference on Machine Learning）国際 https://icml.cc/	Baltimore, MD, USA	2022/7/17〜7/23	2022/1/27
ICME 2022（IEEE International Conference on Multimedia and Expo）国際 http://2022.ieeeicme.org/	Taipei, Taiwan	2022/7/18〜7/22	2021/12/22
IJCAI-22（International Joint Conference on Artificial Intelligence）国際 https://ijcai-22.org/	Vienna, Austria	2022/7/23〜7/29	2022/1/14
MIRU2022（画像の認識・理解シンポジウム）国内 https://sites.google.com/view/miru2022	アクリエひめじ（姫路市文化コンベンションセンター）	2022/7/25〜7/28	2022/3/25（口頭発表候補論文） 2022/5 の範囲で未定（一般論文）
ICCP 2022（International Conference on Computational Photography）国際 https://iccp2022.iccp-conference.org/	Pasadena, CA, USA	2022/8/1〜8/3	2022/4/20
SIGGRAPH 2022（Premier Conference and Exhibition on Computer Graphics and Interactive Techniques）国際 https://s2022.siggraph.org/program/technical-papers/	Vancouver, Canada	2022/8/8〜8/11	2022/1/26
KDD 2022（ACM SIGKDD Conference on Knowledge Discovery and Data Mining）国際 https://kdd.org/kdd2022/	Washington DC, USA	2022/8/14〜8/18	2022/2/10

名　称	開催地	開催日程	投稿期限
ICPR 2022（International Conference on Pattern Recognition）国際 https://www.icpr2022.com/	Montreal, Canada	2022/8/21〜8/25	2022/1/17
SICE 2022（SICE Annual Conference）国際 https://sice.jp/siceac/sice2022/	Kumamoto, Japan ＋Online	2022/9/6〜9/9	2022/5/9
『コンピュータビジョン最前線　Autumn 2022』9/10 発売			
FIT2022（情報科学技術フォーラム）国内 https://www.ipsj.or.jp/event/fit/fit2022/index.html	慶應義塾大学矢上キャンパス	2022/9/13〜9/15	2022/6/24
電子情報通信学会 PRMU 研究会［9 月度］ 国内 https://www.ieice.org/ken/program/index.php?tgid=IEICE-PRMU	慶應義塾大学矢上キャンパス ＋オンライン	2022/9/14〜9/15	2022/7/20
Interspeech 2022（Interspeech Conference）国際 https://interspeech2022.org/	Incheon, Korea	2022/9/18〜9/22	2022/3/21
ACM MM 2022（ACM International Conference on Multimedia）国際 https://2022.acmmm.org/	Lisbon, Portugal	2022/10/10〜10/14	2022/4/11
ICIP 2022（IEEE International Conference in Image Processing）国際 https://2022.ieeeicip.org/	Bordeaux, France	2022/10/16〜10/19	2022/2/25
ISMAR 2022（IEEE International Symposium on Mixed and Augmented Reality）国際 https://ismar2022.org/	Singapore	2022/10/17〜10/21	2022/6/3
電子情報通信学会 PRMU 研究会［10 月度］ 国内 https://www.ieice.org/ken/program/index.php?tgid=IEICE-PRMU	日本科学未来館 ＋オンライン	2022/10/21〜10/22	2022/8/26
IROS 2022（IEEE/RSJ International Conference on Intelligent Robots and Systems）国際 https://iros2022.org/	Kyoto, Japan	2022/10/23〜10/27	2022/3/1
ECCV 2022（European Conference on Computer Vision）国際 https://eccv2022.ecva.net/	Tel-Aviv, Israel	2022/10/23〜10/27	2022/3/7
UIST 2022（ACM Symposium on User Interface Software and Technology）国際 https://uist.acm.org/uist2022	Bend, Oregon, USA	2022/10/29〜11/2	2022/4/7
情報処理学会 CVIM 研究会［情報処理学会 CGI/DCC 研究会と共催，11 月度］国内 http://cvim.ipsj.or.jp/	未定	2022/11 の範囲で未定	未定
IBIS2022（情報論的学習理論ワークショップ）国内 https://ibisml.org/	つくば国際会議場	2022/11/20〜11/23	未定

名　称	開催地	開催日程	投稿期限
NeurIPS 2022（Conference on Neural Information Processing Systems）国際 https://nips.cc/	New Orleans, LA, USA	2022/11/28〜12/9	2022/5/19
3DV 2022（International Conference on 3D Vision）国際	T. B. D.	T. B. D.	T. B. D.
ACCV 2022（Asian Conference on Computer Vision）国際 https://accv2022.org/en/	Macau, China	2022/12/4〜12/8	2022/7/6
ViEW2022（ビジョン技術の実利用ワークショップ）国内 http://view.tc-iaip.org/view/2022/	未定	2022/12/8〜12/9	未定
『コンピュータビジョン最前線　Winter 2022』12/10 発売			
ACM MM Asia 2022（ACM Multimedia Asia）国際 https://www.mmasia2022.org/submission/	Tokyo, Japan	2022/12/13〜12/16	2022/7/22
CoRL 2022（Conference on Robot Learning）国際 http://corl2022.org/	Auckland, New Zealand	2022/12/14〜12/18	2022/6/15
電子情報通信学会 PRMU 研究会［12 月度］国内 https://www.ieice.org/ken/program/index.php?tgid=IEICE-PRMU	富山国際会議場 ＋オンライン	2022/12/15〜12/16	2022/10/20
情報処理学会 CVIM 研究会/電子情報通信学会 MVE 研究会/VR 学会 SIG-MR 研究会［連催，1 月度］国内 http://cvim.ipsj.or.jp/	未定	2023/1 の範囲で未定	未定
AAAI-23（AAAI Conference on Artificial Intelligence）国際 https://aaai.org/Conferences/AAAI-23/	Washington, DC, USA	2023/2/7〜2/14	T. B. D.
情報処理学会 CVIM 研究会/電子情報通信学会 PRMU 研究会［連催，3 月度］国内 http://cvim.ipsj.or.jp/ https://www.ieice.org/ken/program/index.php?tgid=IEICE-PRMU	公立はこだて未来大学 ＋オンライン	2023/3/2〜3/3	2023/1/5
DIA2023（動的画像処理実利用化ワークショップ）国内 http://www.tc-iaip.org/dia/2023/	宇都宮市	2023/3/2〜3/3	未定
情報処理学会全国大会 国内 https://www.ipsj.or.jp/event/taikai/85/index.html	電気通信大学	2023/3/2〜3/4	未定
電子情報通信学会総合大会 国内	芝浦工業大学	2023/3/7〜3/10	未定
『コンピュータビジョン最前線　Spring 2023』3/10 発売			
情報処理学会 CVIM 研究会/電子情報通信学会 PRMU 研究会［連催，3 月度］国内 http://cvim.ipsj.or.jp/ https://www.ieice.org/ken/program/index.php?tgid=IEICE-PRMU	未定	2023/3 の範囲で未定	未定

名　称	開催地	開催日程	投稿期限
CHI 2023（ACM CHI Conference on Human Factors in Computing Systems）国際 https://chi2023.acm.org/	Hamburg, Germany	2023/4/23〜4/28	2022/9/15
ICRA 2023（IEEE International Conference on Robotics and Automation）国際	London, UK	2023/5/29〜6/2	T. B. D.
情報処理学会 CVIM 研究会/電子情報通信学会 PRMU 研究会［連催，5 月度］国内 http://cvim.ipsj.or.jp/ https://www.ieice.org/ken/program/index.php?tgid=IEICE-PRMU	未定	2023/5 の範囲で未定	未定
ICASSP 2023（IEEE International Conference on Acoustics, Speech, and Signal Processing）国際 https://2023.ieeeicassp.org/	Rhodes Island, Greece	2023/6/4〜6/9	2022/10/19
ICLR 2023（International Conference on Learning Representations）国際 https://waset.org/learning-representations-conference-in-august-2023-in-sydney	Sydney, Australia	2023/8/30〜8/31	2023/7/29
AISTATS 2023（International Conference on Artificial Intelligence and Statistics）国際	T. B. D.	T. B. D.	T. B. D.
WWW 2023（ACM Web Conference）国際	T. B. D.	T. B. D.	T. B. D.
SCI' 23（システム制御情報学会研究発表講演会）国内	未定	未定	未定
ACL 2023（Annual Meeting of the Association for Computational Linguistics）国際	T. B. D.	T. B. D.	T. B. D.

2022 年 5 月 6 日現在の情報を記載しています。最新情報は掲載 URL よりご確認ください。また，投稿期限はすべて原稿の提出締切日です。多くの場合，概要や主題の締切は投稿期限の 1 週間程度前に設定されていますのでご注意ください。

編集後記

編者による編集後記は，p. 132「サキヨミCV最前線」としました。編者対談が白熱して編集後記のこのスペースに収まらなかったのでした。代わりまして，担当編集者（兼Twitterの中のヒト）よりひとこと。

◆

記事の執筆者・査読者のご尽力により，今回も熱〜い記事をお届けすることができました。実は，この分野にめっぽう疎く，天然記念物なみにAI音痴でしたが，『CV最前線』の編集に3号かかわらせていただいたおかげで，ずぶずぶとCVワールドの魅力にはまっております。これからも，噛めば噛むほど味のあるCVを，読者の皆さんと堪能していけたらと思います。　　　　　［大］

初めて季刊シリーズに携わることになり，集まらない原稿の催促に心身ともに削られたらどうしよう……と恐れ慄いていましたが，まったくそんなことにはならず，おかげさまで無事に原稿が集まり続けています。記事の内容のみならず，そんなところからもシリーズに携わってくださっている皆さまの「この分野を盛り上げるぞ…！！」の熱い想いを感じます。創刊号紙版が刊行早々に完売となり売上好調な本シリーズ，読者の皆さまの声を反映させるべく，公式Twitterアカウント（@kyoritsu_CV）での読者アンケートも実施予定です。引き続きご注目のほどよろしくお願いします！（創刊号はKindleほか電子版にて販売中です）　　　　　　　　　　　　　　　　　［山］

次刊予告（Autumn 2022／2022年9月刊行予定）
巻頭言（米谷竜）／イマドキノ Neural Fields（瀧川永遠希）／フカヨミ 非グリッド特徴を用いた画像認識（濱口竜平）／フカヨミ 教師なしドメイン適応（三鼓悠）／フカヨミ バックボーンモデル（内田祐介）／ニュウモン 微分可能レンダリング（加藤大晴）／えーあい＊研究室（小山裕己）

コンピュータビジョン最前線　Summer 2022

2022年6月10日　初版1刷発行

編　　者　井尻善久・牛久祥孝・片岡裕雄・藤吉弘亘
発 行 者　南條光章
発 行 所　**共立出版株式会社**
　　　　　〒112-0006　東京都文京区小日向4-6-19　電話　03-3947-2511（代表）
　　　　　振替口座　00110-2-57035
　　　　　www.kyoritsu-pub.co.jp

本文制作　㈱グラベルロード
印　　刷　大日本法令印刷
製　　本

検印廃止
NDC 007.13
ISBN 978-4-320-12544-5

一般社団法人
自然科学書協会
会員

Printed in Japan

AIにかかわる知の礎　至高の集大成！

人工知能学大事典

ENCYCLOPEDIA OF ARTIFICIAL INTELLIGENCE

基礎理論から
応用事例まで、
関連分野を含め
770項目を収録。

人工知能学会 編

B5判・1600頁・定価47,300円（税込）
上製函入・ISBN978-4-320-12420-2

[編集幹事長]
松原 仁
[編集幹事]
栗原 聡・長尾 確・橋田 浩一
丸山 文宏・本村 陽一
[編集委員]
麻生英樹・稲邑哲也・岡田浩之・柏原昭博
北岡教英・來村徳信・栗原 聡・小長谷明彦
佐藤 健・柴田智広・鈴木宏昭・津本周作
寺野隆雄・徳永健伸・戸田山和久・中島秀之
新田克己・萩原将文・堀 浩一・間瀬健二
松尾 豊・松原 仁・山川 宏・山口高平
山田誠二・鷲尾 隆

人工知能学
大事典

人工知能学会 編

ENCYCLOPEDIA OF
ARTIFICIAL
INTELLIGENCE

人工知能学会 編

共立出版

CONTENTS

共立出版

www.kyoritsu-pub.co.jp
https://www.facebook.com/kyoritsu.pub

（価格は変更される場合がございます）